全国高职高专建筑类专业规划教材

建筑工程制图习题集

（修订版）

主　编　李　静
副主编　张　莺　樊培利
　　　　张玉秀　陈　彬
主　审　王瑞红

黄河水利出版社
·郑州·

图书在版编目(CIP)数据

建筑工程制图习题集/李静主编. —郑州:黄河水利出版社,2013.8 (2017.7 修订重印)
全国高职高专建筑类专业规划教材
ISBN 978 - 7 - 5509 - 0519 - 1

Ⅰ.①建… Ⅱ.①李… Ⅲ.①建筑制图 - 高等职业教育 - 习题集 Ⅳ.TU204 - 44

中国版本图书馆 CIP 数据核字(2013)第 181928 号

组稿编辑:王路平　电话:0371 - 66022212　E-mail:hhslwlp@163.com
　　　　　路夷坦　　　　66026749　　　　hhsllyt@126.com

出 版 社:黄河水利出版社　网址:www.yrcp.com
　　　　地址:河南省郑州市顺河路黄委会综合楼 14 层　邮政编码:450003
发行单位:黄河水利出版社
　　　　发行部电话:0371 - 66026940、66020550、66028024、66022620(传真)
　　　　E-mail:hhslcbs@126.com
承印单位:河南承创印务有限公司
开本:787 mm×1 092 mm 1/16
印张:4.5
字数:110 千字　印数:8 001—12 000
版次:2013 年 8 月第 1 版　印次:2017 年 7 月第 3 次印刷
　　　2017 年 7 月修订版

定价:12.00 元

前　言

《建筑工程制图习题集》是由中国水利教育协会牵头，全国水利水电高职教研会负责实施的全国高职高专建筑类专业规划教材，与同期出版的全国高职高专建筑类专业规划教材《建筑工程制图》（黄河水利出版社出版，王瑞红、李静主编）配套使用。建筑工程制图是一门实践性较强的课程，习题是实践性教学的重要环节。本习题集在编写指导思想、体系、章节编排顺序等方面与教材完全一致，是使学生掌握建筑制图基本知识、熟悉基本技能、理解和加深制图基本理论与作图方法、提高读图与绘图能力的重要途径，供学生课后练习与制图综合练习使用。

本书可供高等专科院校、高等职业院校工业与民用建筑专业、给排水专业及相关专业教学使用。

本习题集编写人员及编写分工如下：重庆水利电力职业技术学院李静编写前言、第三章，辽宁水利职业学院张莺编写第一章、第六章，长江工程职业技术学院金爱梅编写第二章，安徽水利水电职业技术学院夏璐编写第四章，郑州城市职业学院刘聪聪编写第五章，江苏城市职业学院陈彬编写第七章、第八章，酒泉职业技术学院张玉秀编写第九章，山西水利职业技术学院樊培利编写第十章。本书由李静担任主编并负责全书统稿；由张莺、樊培利、张玉秀和陈彬担任副主编，由山西水利职业技术学院王瑞红担任主审。

由于编者经验与水平有限，加之时间仓促，书中难免有缺点和错误之处，恳请读者批评指正。

编　者

2017 年 7 月

目　录

1-1　汉字练习	班级		姓名		学号		页次	1

建筑工程制图比例尺长宽厚度上中下左右民用房屋东南西北方向平立剖

室内外水泥砂浆砌石混凝土大小单位设计说明班级姓名学号审核年月日

1-2　字母和数字练习	班级		姓名		学号		页次	2

1　2

3　4

5　6

7　8

9　0

A B C D E F G H I J K L M N O P Q R S T U V W X Y Z

a b c d e f g h i j k l m n o p q r s t u v w x y z

1-3 图线练习	班级		姓名		学号		页次	3

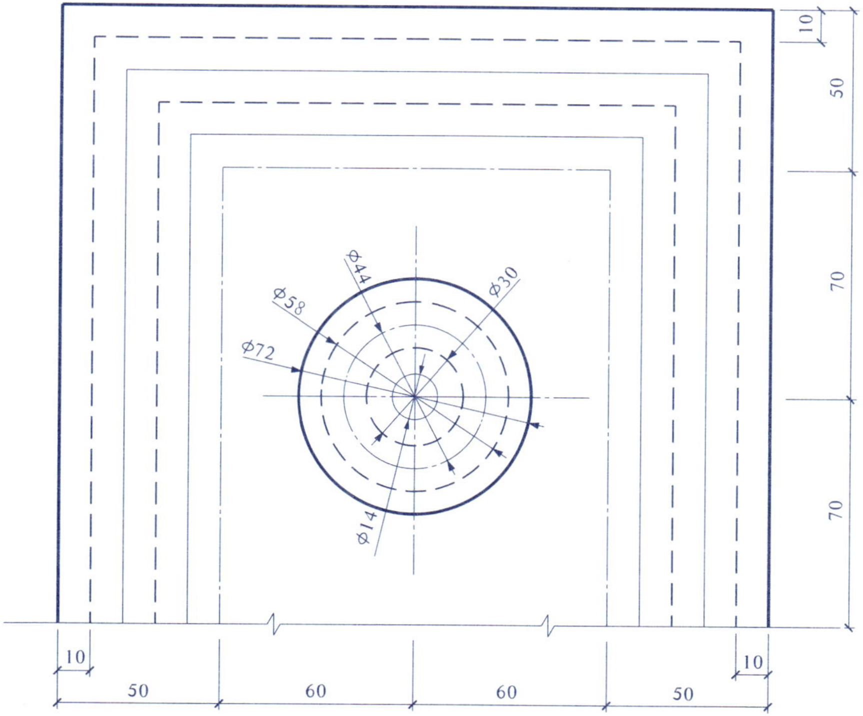

图线练习 1:1

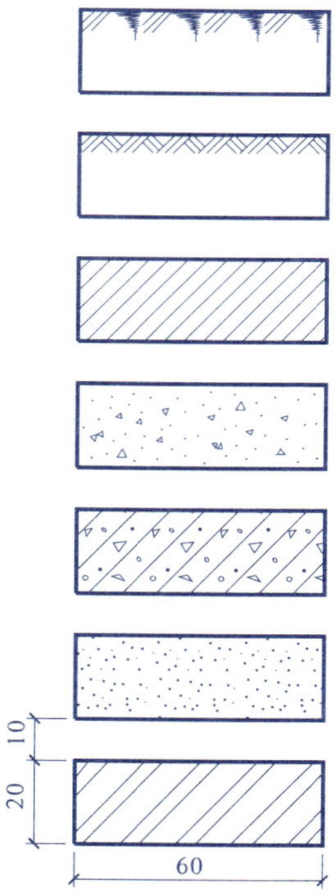

1-4　尺寸标注	班级		姓名		学号		页次	4

1.标注直径或半径尺寸。

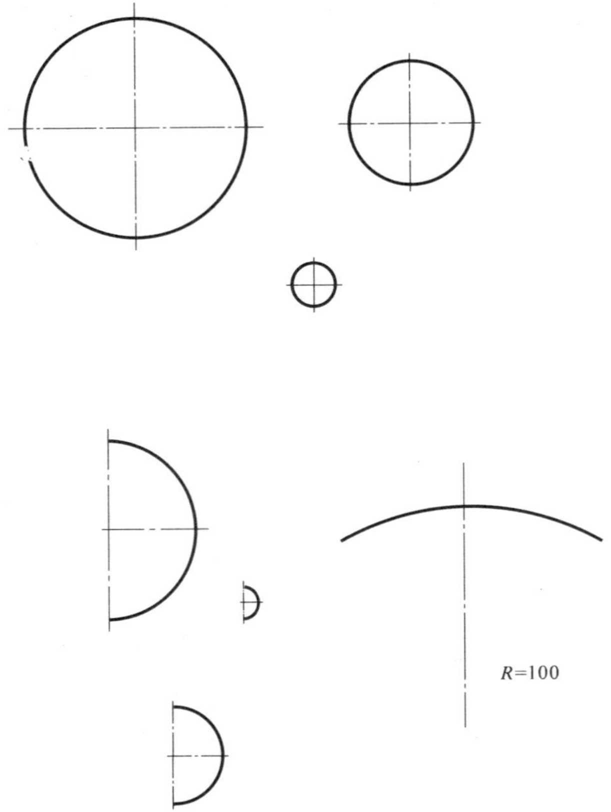

2.标注角度和线性尺寸。

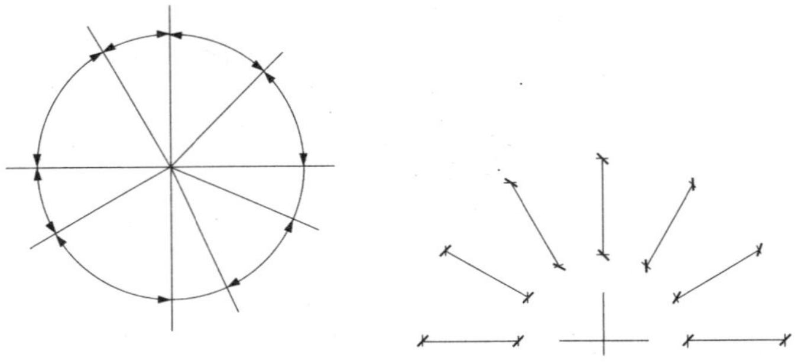

3.给平面图形标注尺寸(比例1:20)。

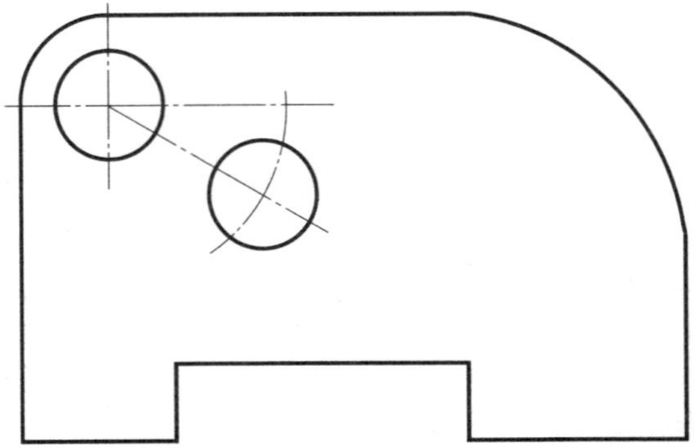

1–5　几何作图	班级		姓名		学号		页次	5

1.作直线AB的7等分点。

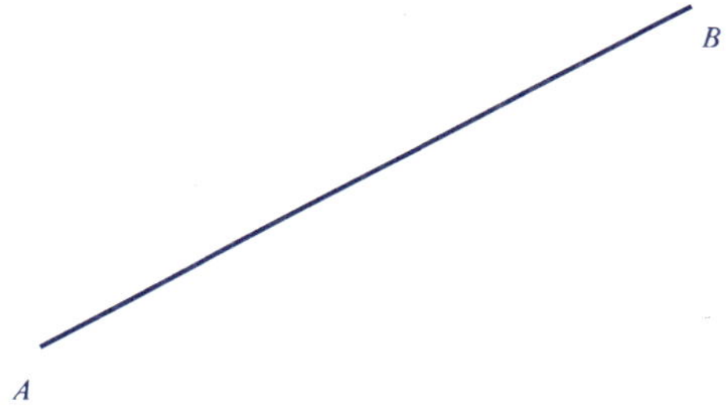

2.作直线CD的垂直平分线。

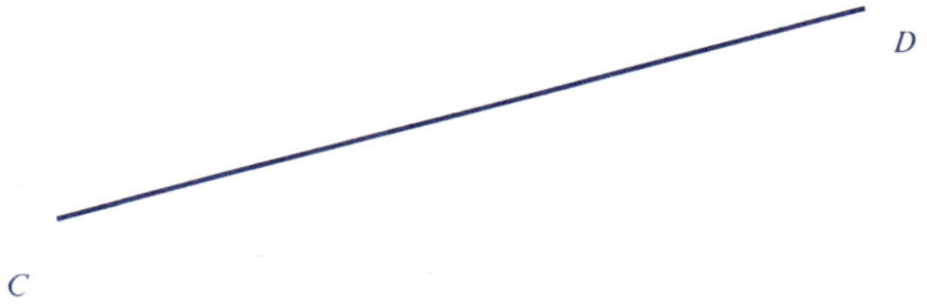

3.按1:1比例抄绘图形。

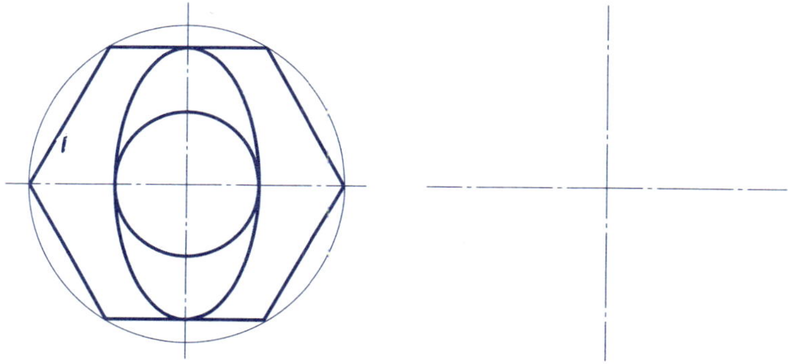

4.用所给半径R，作连接圆弧与圆O_1内切，与圆O_2外切。

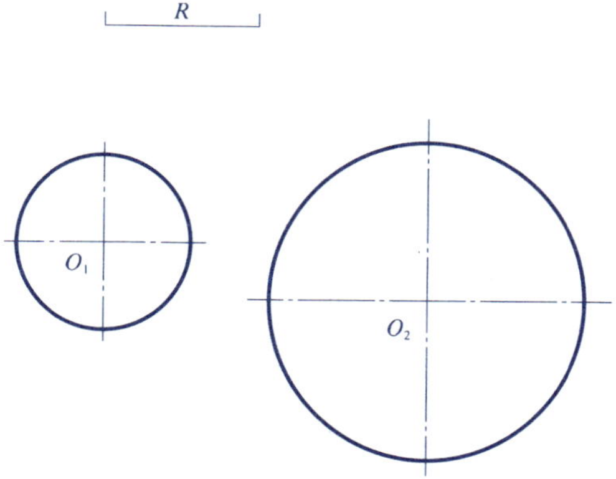

2-1 根据立体图找投影图	班级		姓名		学号		页次	6

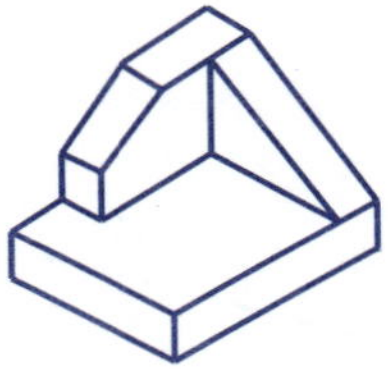

1

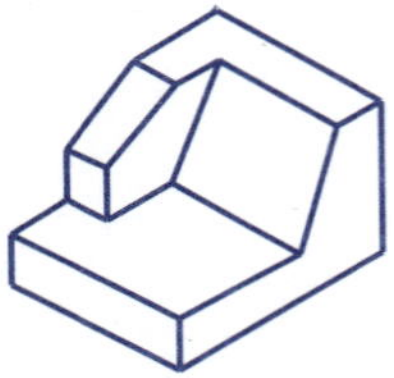

2

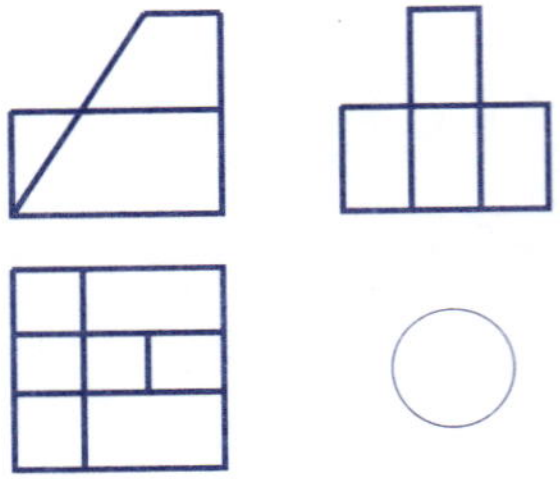

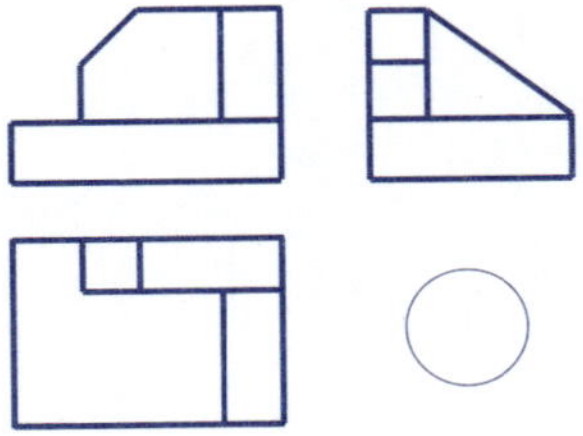

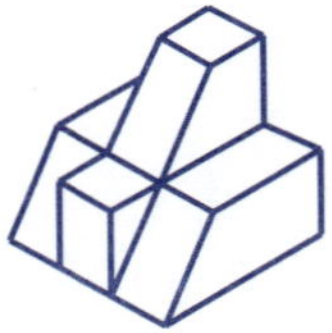

3

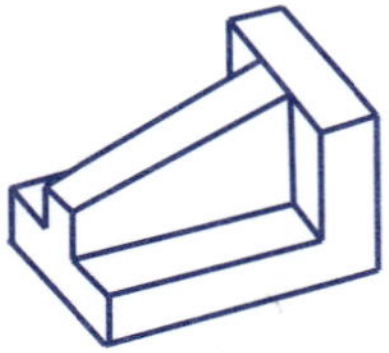

4

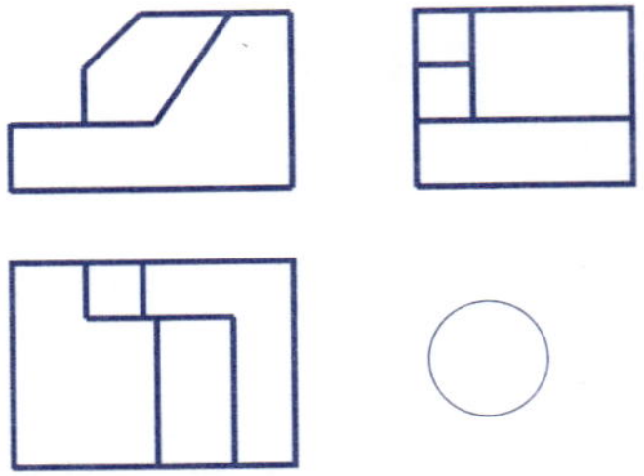

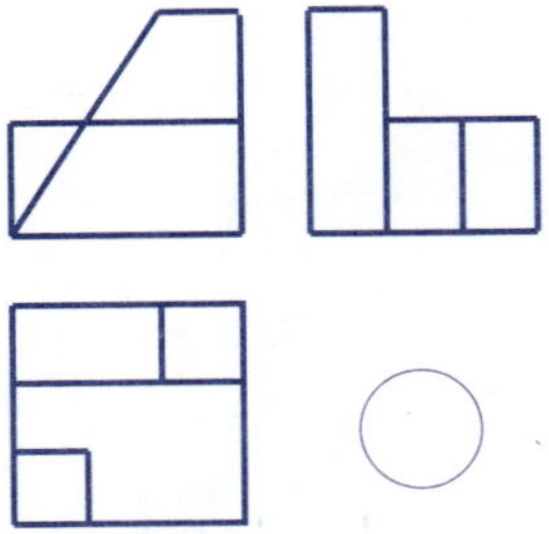

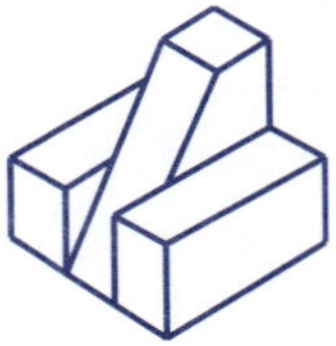

5

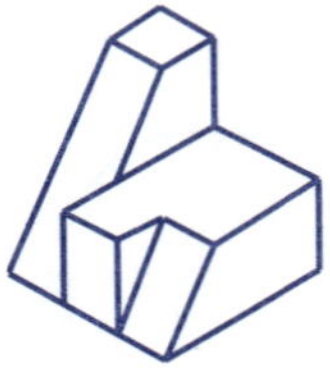

6

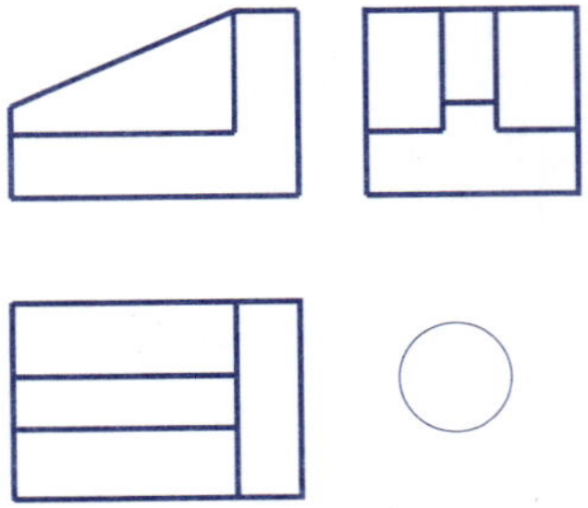

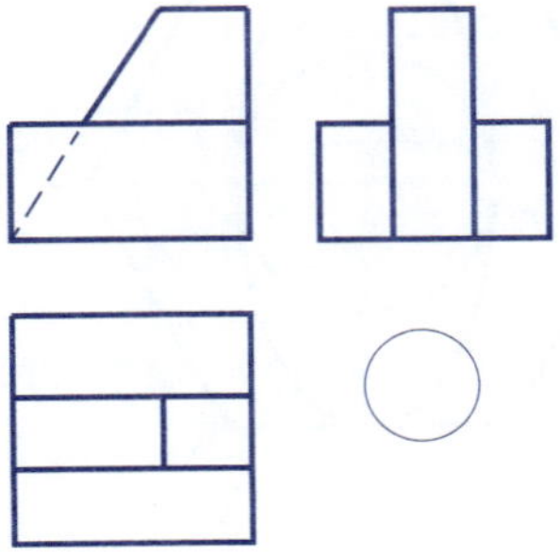

2-2　根据立体图补画完整三视图	班级		姓名		学号		页次	7

1.

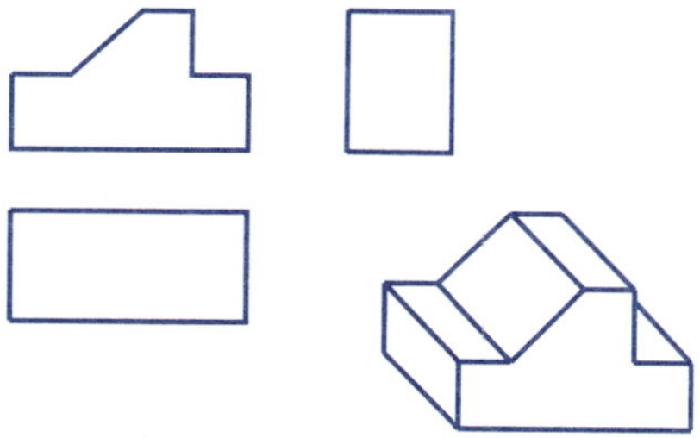

2.

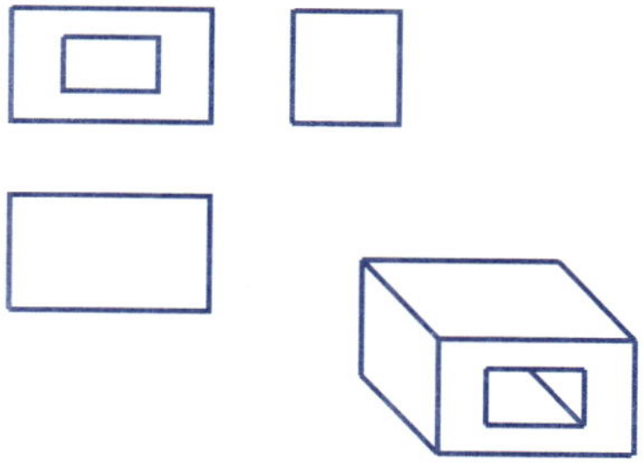

3.

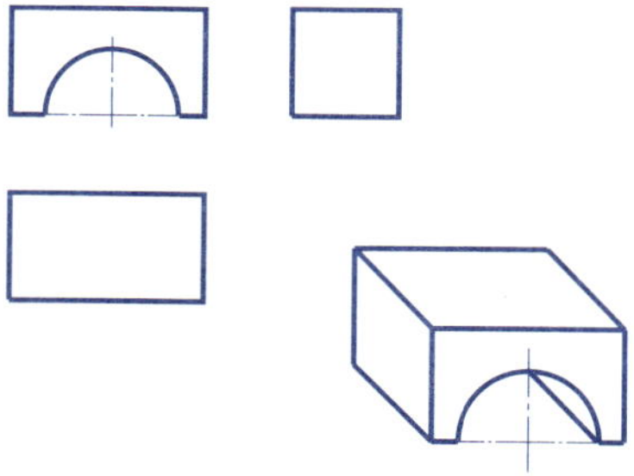

4.

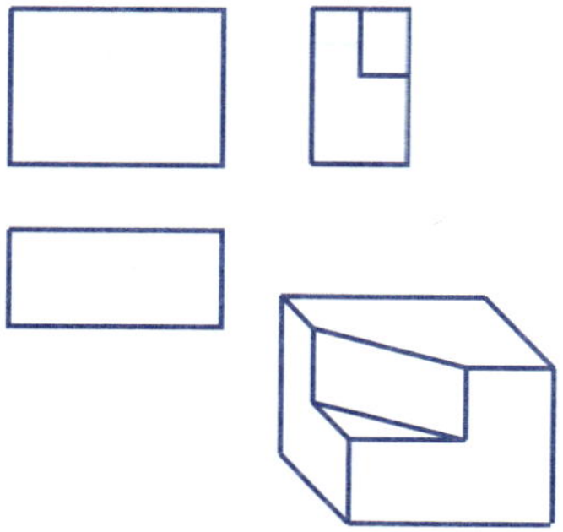

5.

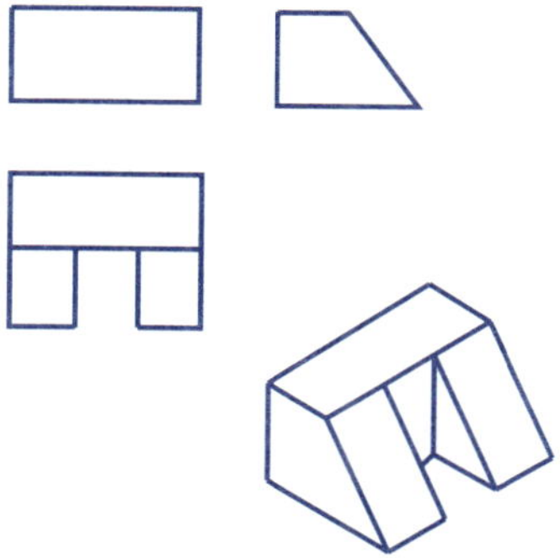

6.

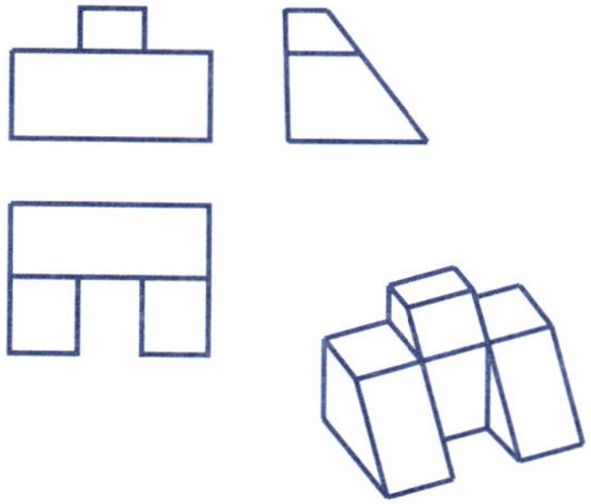

2-3　由立体图和两个投影图补画第三视图	班级		姓名		学号		页次	8

1.

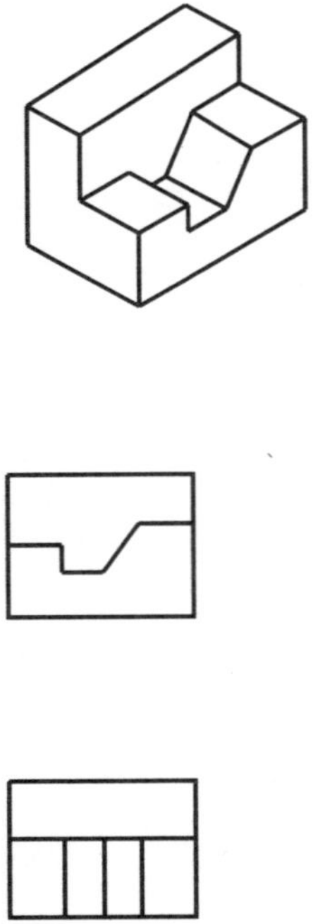

2.

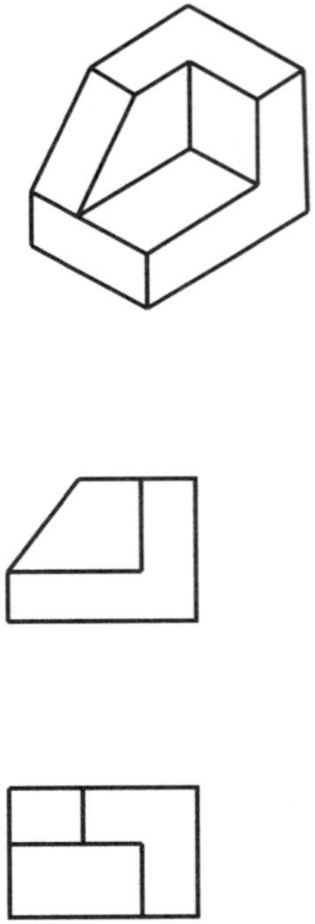

3.

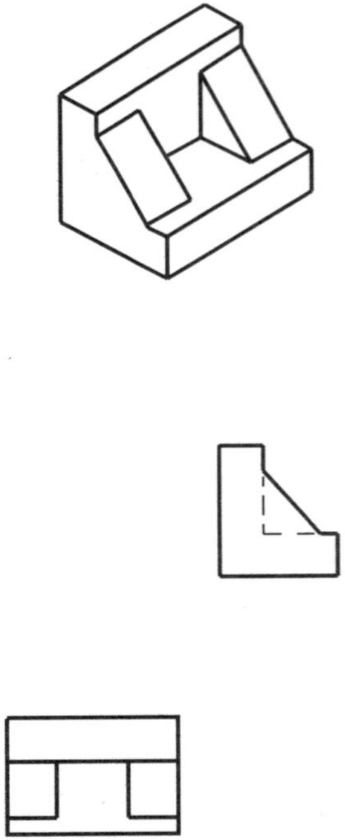

4.

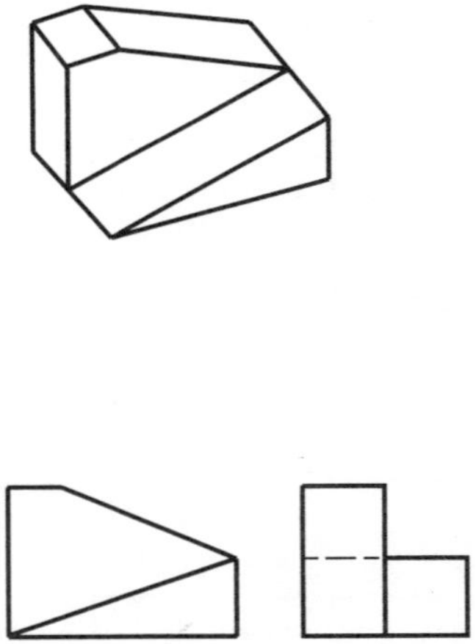

3-1　点的投影(一)	班级		姓名		学号		页次	9

1.根据立体图中各点的位置,画出它们的三面投影,并量出各点到投影面的距离及坐标值。(单位:mm;度量值取整数)

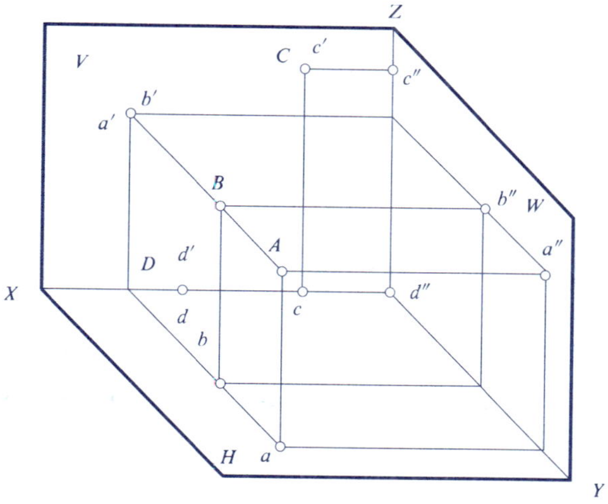

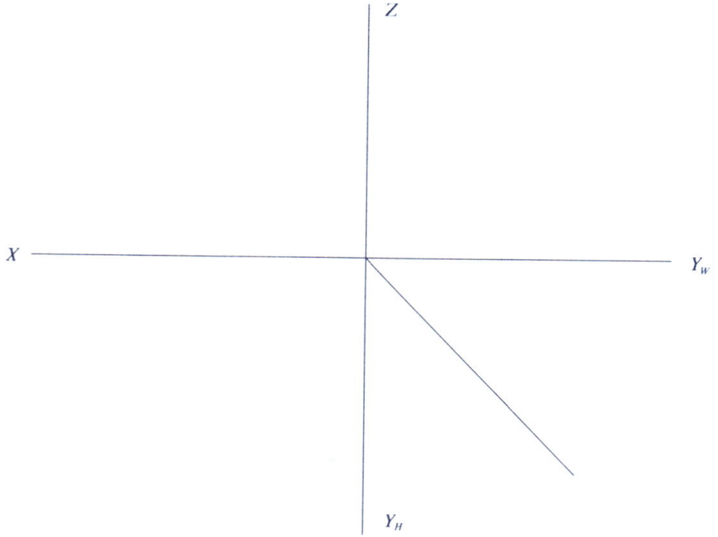

	A	B	C	D
到H面的距离(mm)				
到V面的距离(mm)				
到W面的距离(mm)				

	A	B	C	D
X(mm)				
Y(mm)				
Z(mm)				

3-1　点的投影(二)	班级		姓名		学号		页次	10

2.根据各点的三面投影图，作出它们的立体图，并写出各点的坐标值。(单位：mm；坐标值取整数)

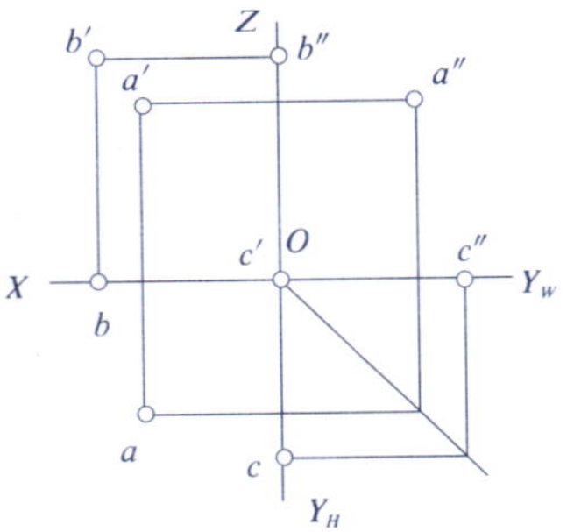

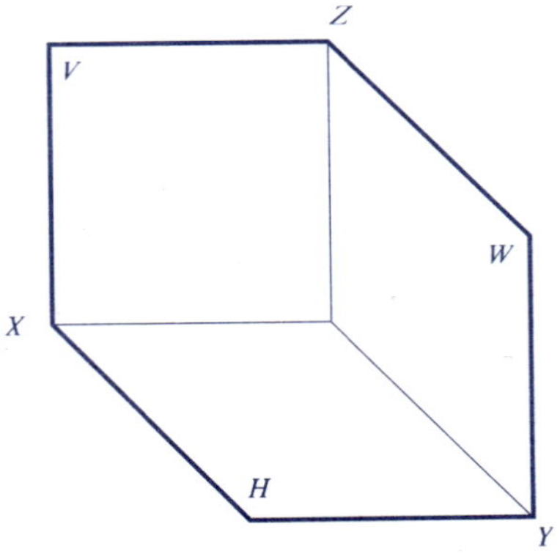

3.已知点A的三面投影，点B在点A的左面15 mm，下方5 mm，前方5 mm；另一点C在点B的正上方10 mm，求作B、C两点的三面投影。

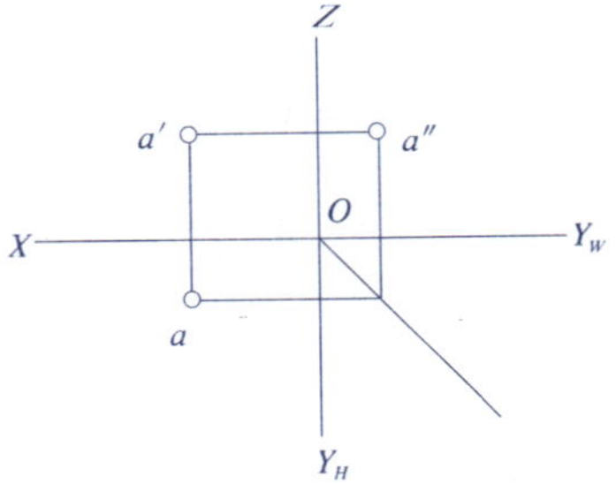

4.已知各点的立体图投影，说明两点的相对位置。

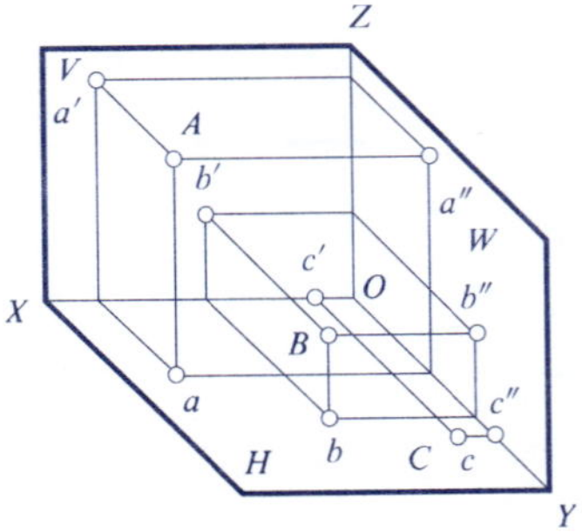

点A在点B的(上、下)______方，(左、右)______方，(前、后)______方；点C在点A的(上、下)______方，(左、右)______方，(前、后)______方。

3-1　点的投影(三)	班级		姓名		学号		页次	11

5. 已知各点的立体投影，补画第三面投影，并说明两点的相对位置。

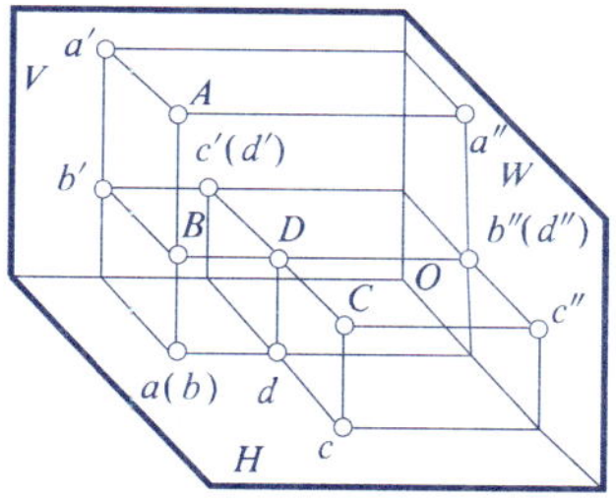

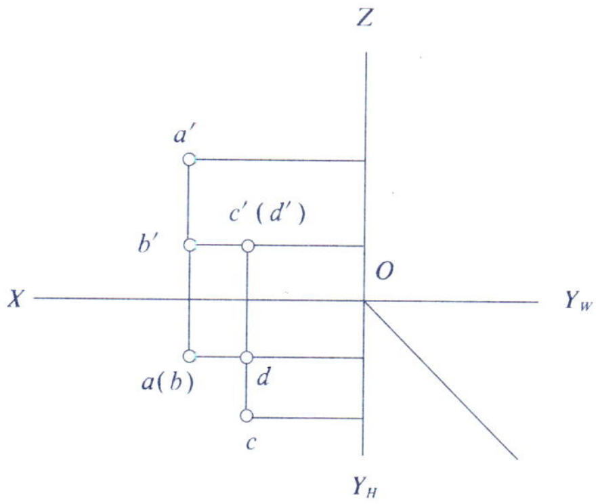

点A、B是对______面的重影点，点A在点B的正______方；

点B、D是对______面的重影点，点B在点D的正______方；

点C、D是对______面的重影点，点C在点D的正______方。

6. 已知立体上各点的两面投影，求作各点的三面投影，并说明各点的相对位置。

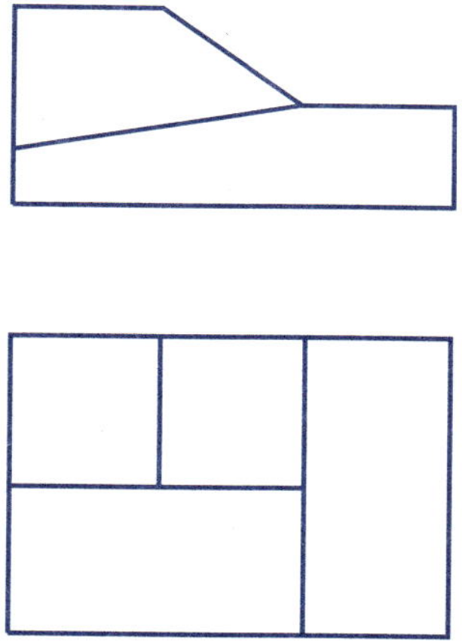

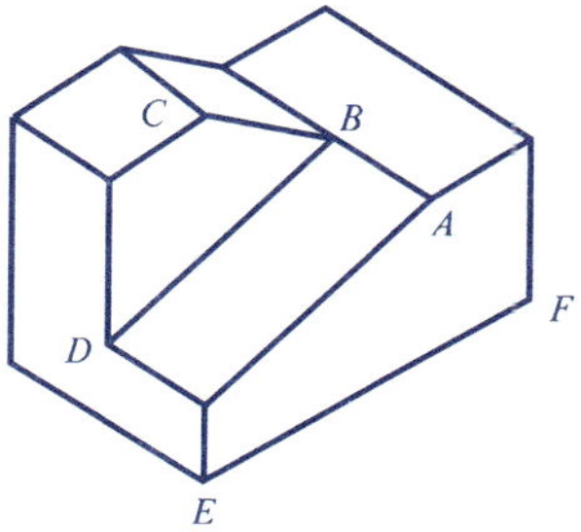

点A与点B没有______和______之分，只有______差别；点B在点A的正______方；

点C与点D没有______和______之分，只有______差别；点C在点D的正______方；

点E与点F没有______和______之分，只有______差别；点E在点F的正______方。

3-2　直线的投影(一)	班级		姓名		学号		页次	12

1.分析图示立体各棱线的空间位置，在投影图中将对应棱线的投影加粗，并说明其投影特性。

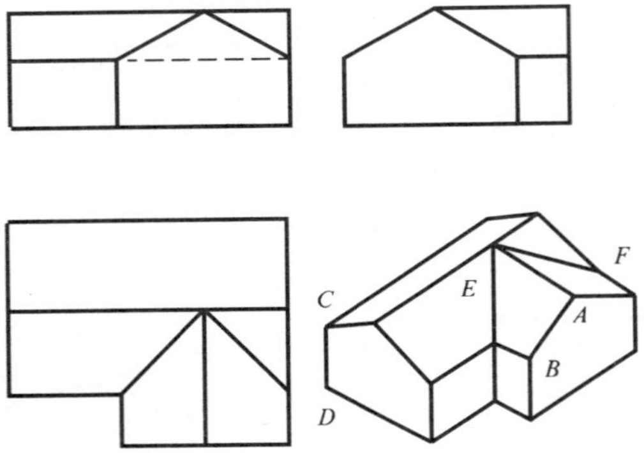

(1)将直线AB对应的投影加粗。直线AB是________线；其正面投影________，其投影与投影轴的夹角反映________，水平投影和侧面投影分别相应的投影轴。

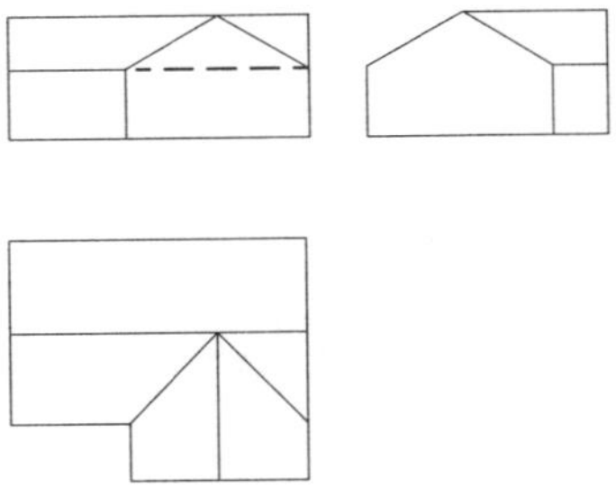

(2)将直线CD对应的投影加粗。直线CD是________线；其水平投影________，正面投影与侧面投影均________，且________相应的投影轴。

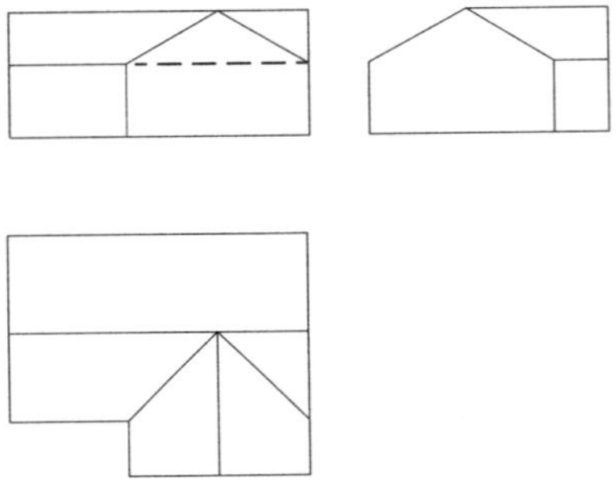

(3)将直线EF对应的投影加粗。直线EF是________线；其三个投影都与投影轴________，投影长度________，且都不反映与投影面的________。

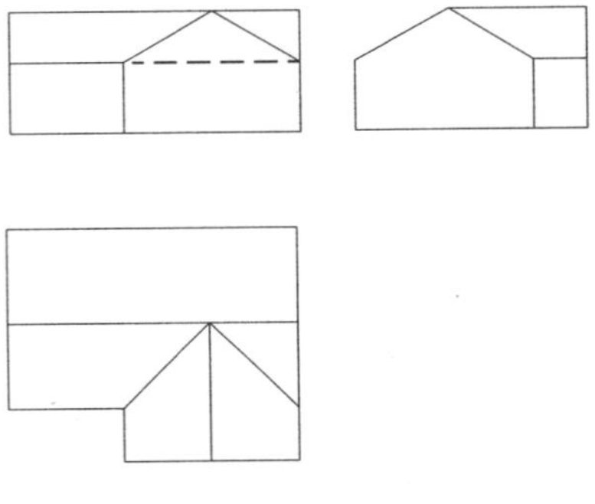

3-2　直线的投影(二)	班级		姓名		学号		页次	13

2. 根据立体图指出直线 AB、BC、AG、CG、DH、EF、HI、HM 是什么位置的直线，并标出直线的三个投影。

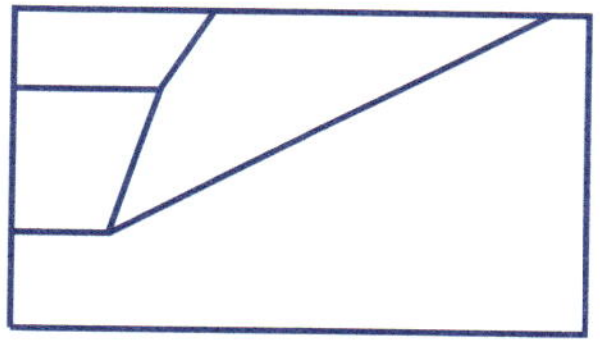

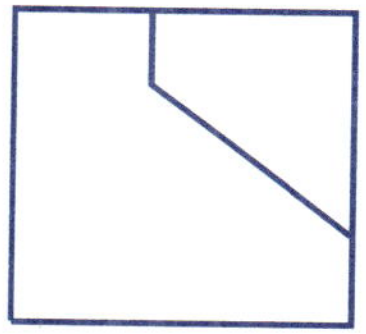

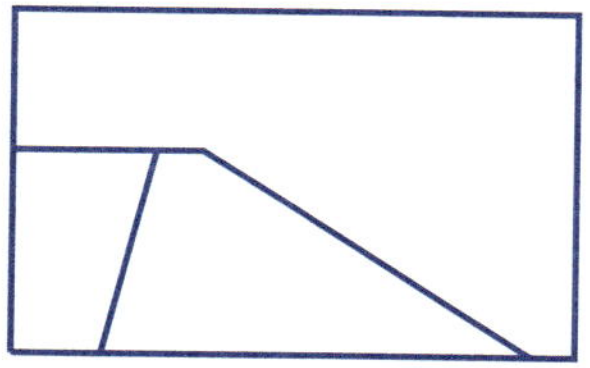

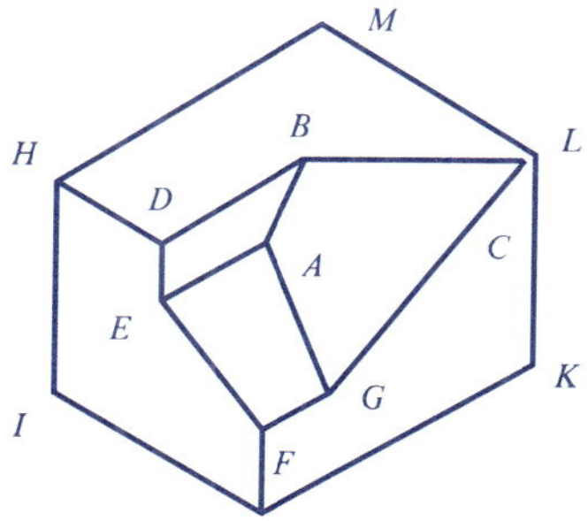

AB 是__________直线；BC 是__________直线；

AG 是__________直线；CG 是__________直线；

DH 是__________直线；EF 是__________直线；

HI 是__________直线；HM 是__________直线。

3. 过点 A 作水平线 AB，点 B 在点 A 后方的 V 面上，$\beta=60°$，补全直线的三面投影。

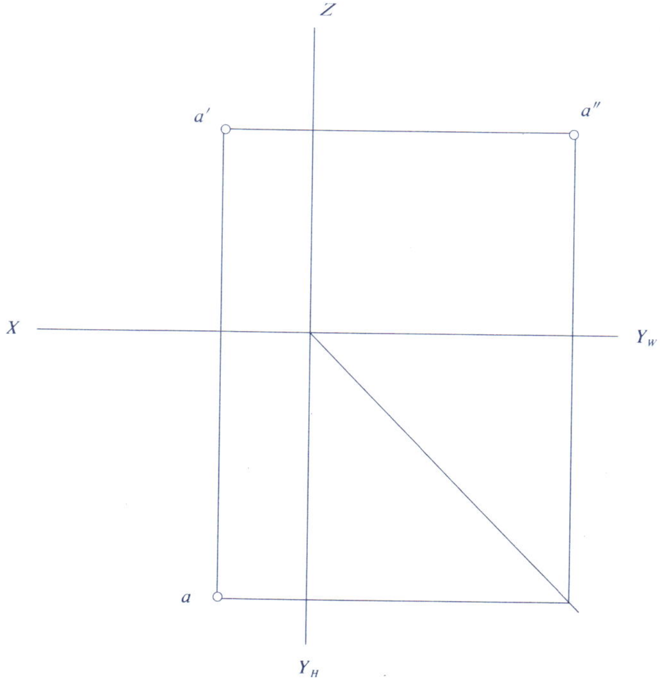

3-2 直线的投影(三)	班级		姓名		学号		页次	14

4.已知点E在直线AB上，分割AB成AE：EB=3:5，求作直线的第三面投影与点E的三面投影。

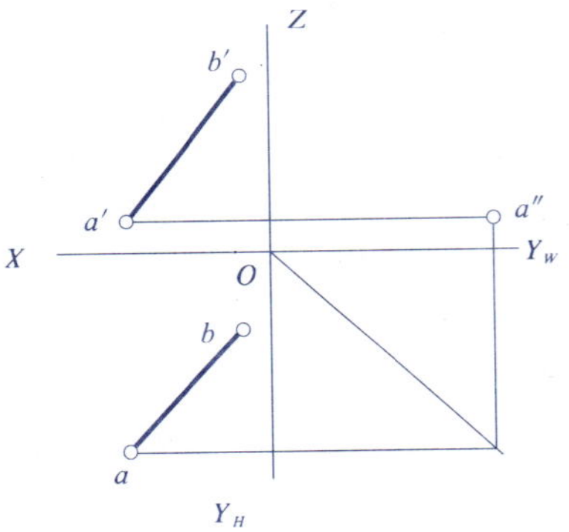

5.判断下列两直线的相对位置关系。

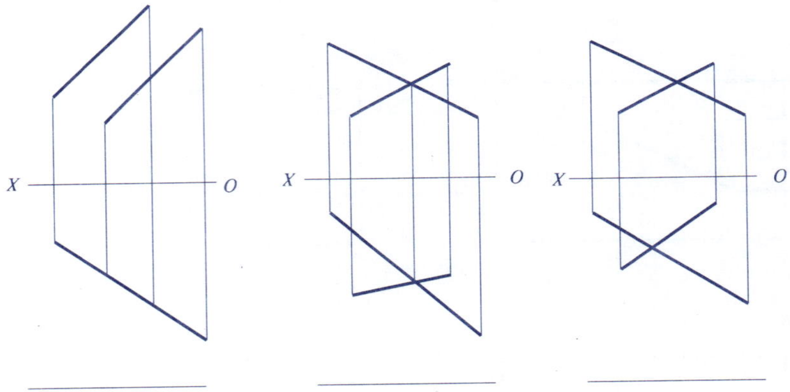

6.已知AB、CD的两面投影，求作第三面投影，并判断两直线的相对位置。

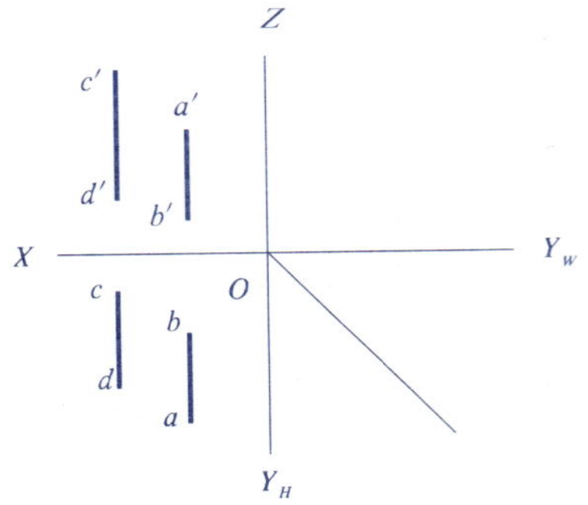

7.补全两交叉直线的第三面投影，并判断两交叉直线重影点的可见性。

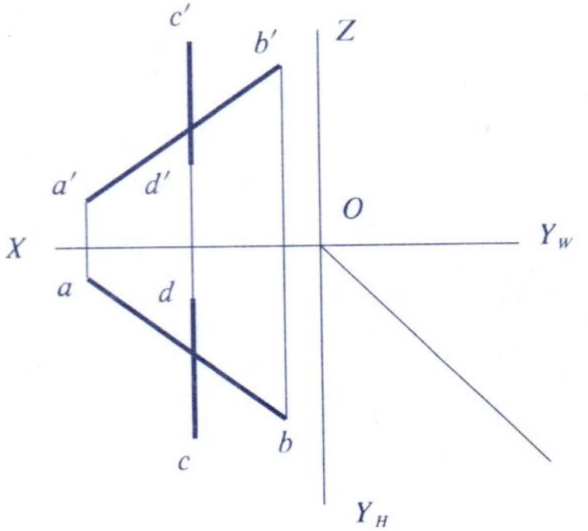

3-3　平面的投影(一)	班级		姓名		学号		页次	15

1.分析图示立体各平面的空间位置，在投影图中将对应平面的投影加粗，并说明其投影特性。

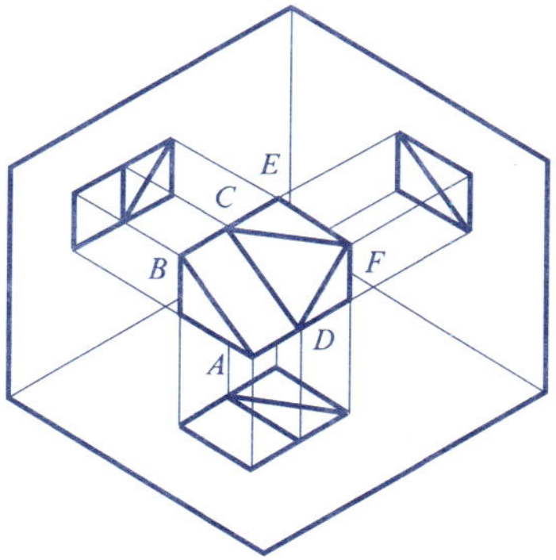

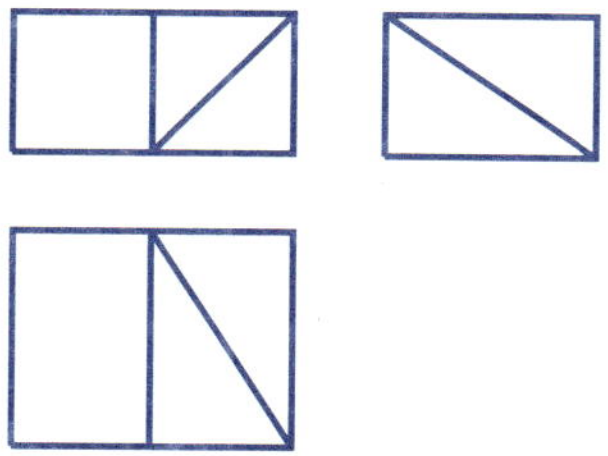

(1)将平面CEF对应的投影加粗。平面CEF是________面；其水平投影__________，正面投影和侧面投影__________为直线，且与相应的投影轴________。

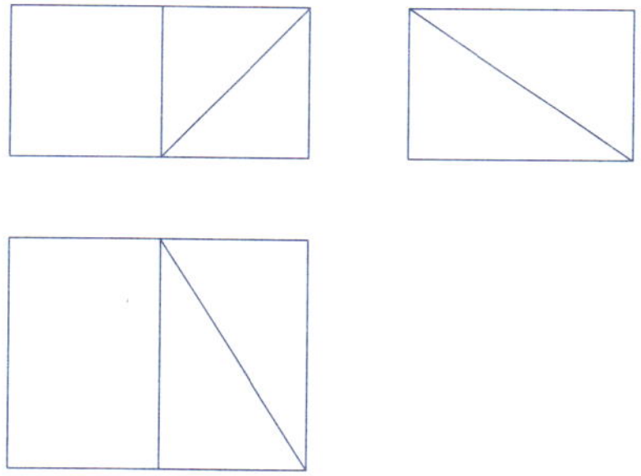

(2)将平面$ABCD$对应的投影加粗。平面$ABCD$是________面；其侧面投影________为直线，投影与投影轴的夹角反映平面与投影面的__________，正面和水平投影具有__________。

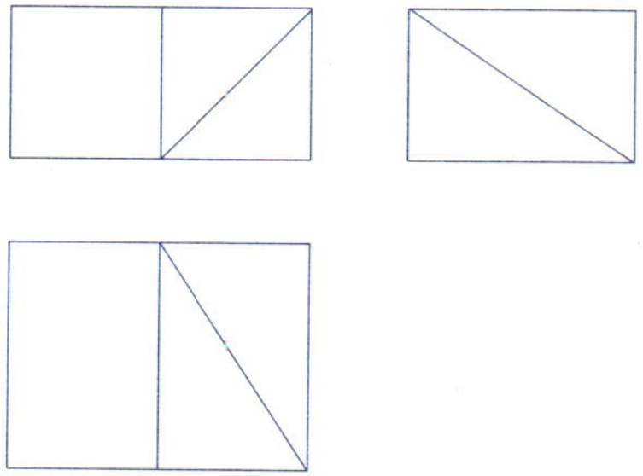

(3)将平面CDF对应的投影加粗。平面CDF是________平面；其正面投影、水平投影和侧面投影____________，投影与投影轴的夹角不反映平面与投影面的____________。

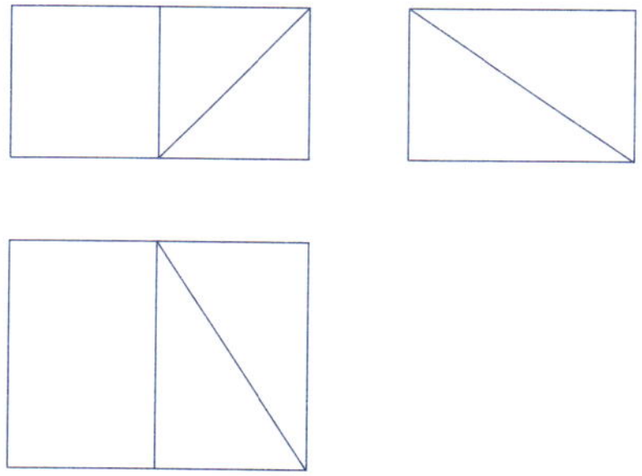

3-3 平面的投影(二)	班级		姓名		学号		页次	16

2.根据立体图指出平面Ⅰ、Ⅱ、Ⅲ、Ⅳ、Ⅴ、Ⅵ是什么位置的平面，并标出平面的三面投影。

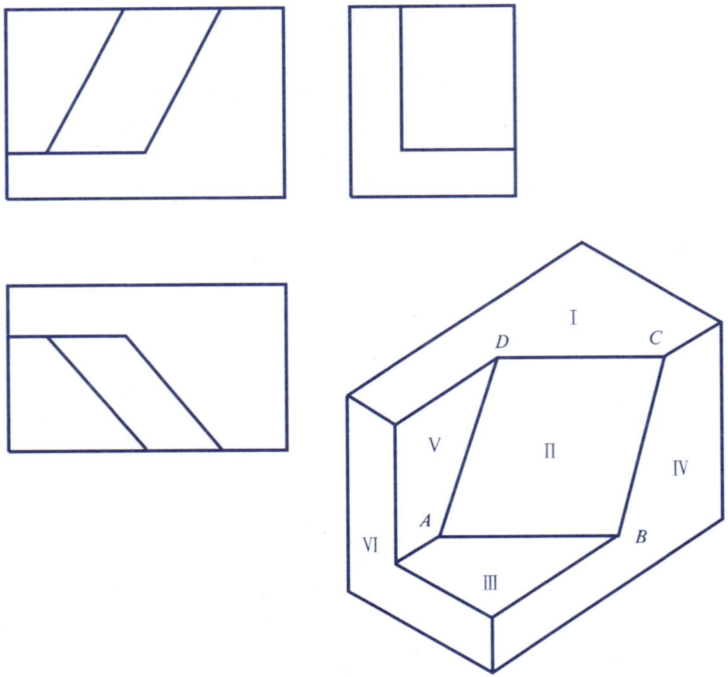

平面Ⅰ是____________平面；平面Ⅱ是____________平面；

平面Ⅲ是____________平面；平面Ⅳ是____________平面；

平面Ⅴ是____________平面；平面Ⅵ是____________平面。

3.在三视图上标出P、Q、R三平面的第三面投影，在立体图上标出它们的位置(用相应的大写字母)，并填写它们的名称和对各投影面的相对位置。

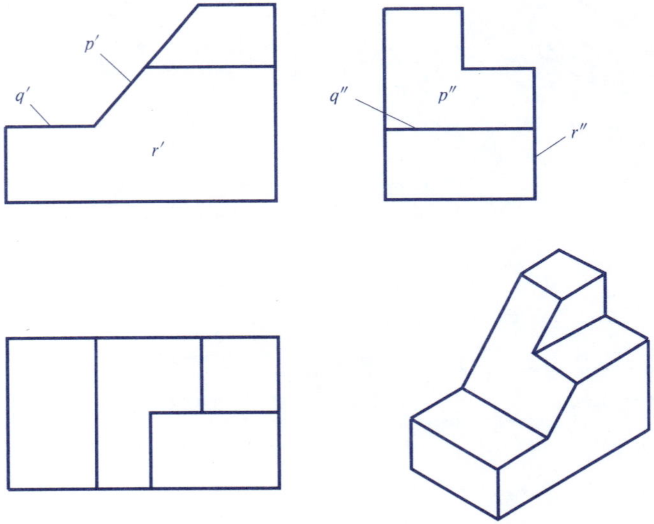

*P*是____________面，*Q*是____________面，*R*是____________面；

P：____________*V*，____________*H*，____________*W*；

Q：____________*V*，____________*H*，____________*W*；

R：____________*V*，____________*H*，____________*W*。

3-3　平面的投影(三)	班级		姓名		学号		页次	17

4. 判断直线MN和点K是否在平面ABC内。

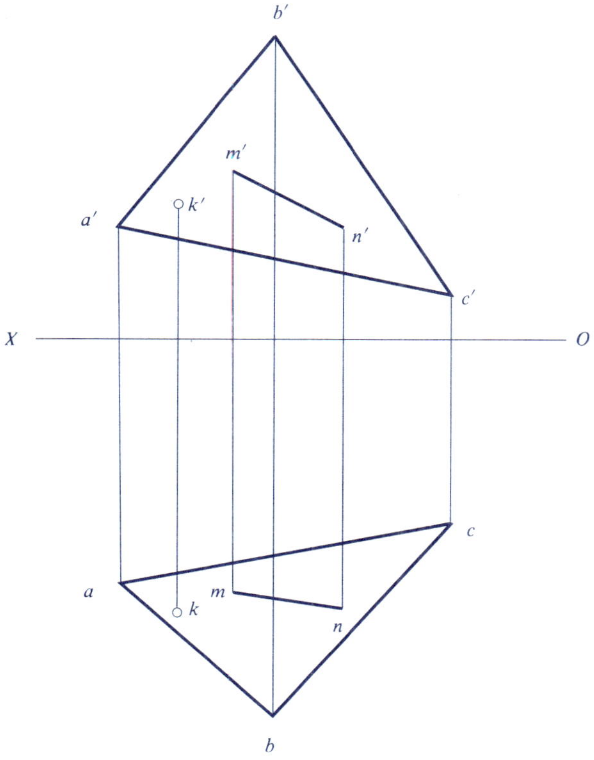

5. 已知平面五边形ABCDE的AD对角线为正平线，完成五边形的水平投影与侧面投影。

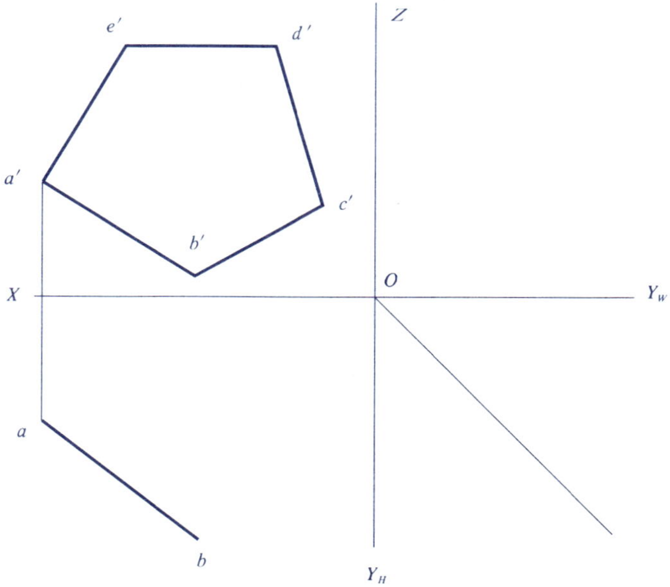

3-4 直线与平面、平面与平面的相对位置(一)	班级		姓名		学号		页次	18

1.判断直线AB与平面DEF是否平行。

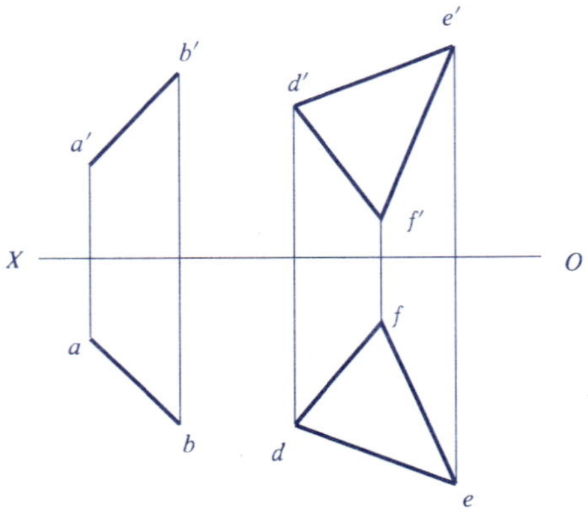

2.判断平面ABC与平面DEF是否平行。

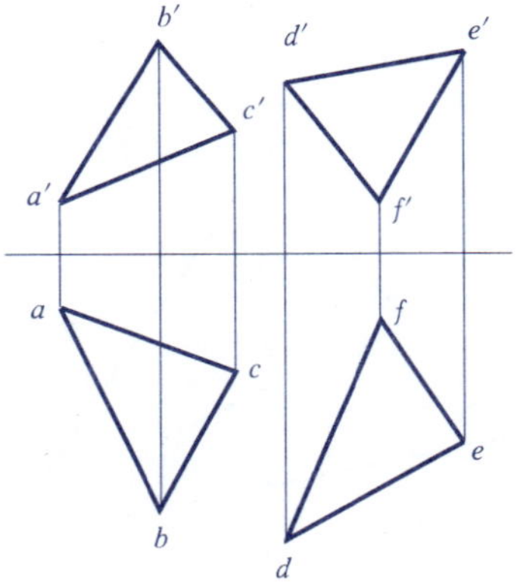

3.作直线EF与三角形ABC的交点，并判断可见性。

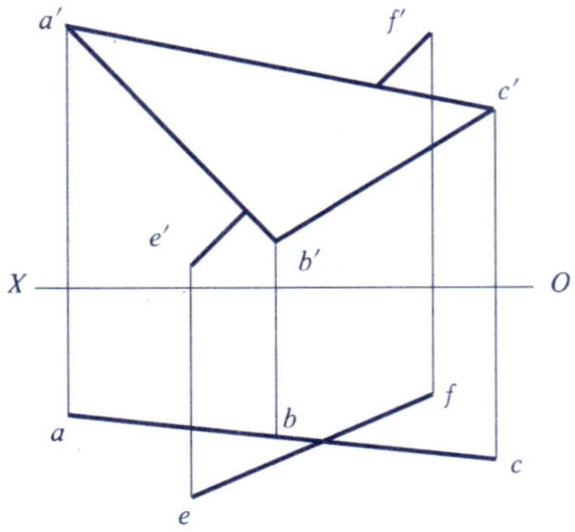

4.作直线AB与平行四边形CDEF的交点，并判断可见性。

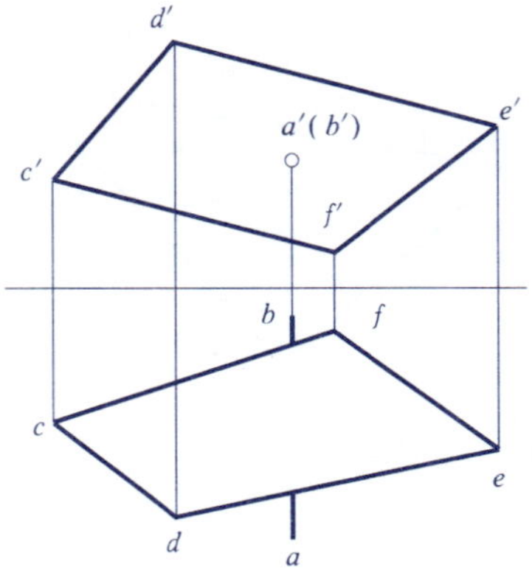

5. 作平面ABC与平面DEFG的交线，并判断可见性。

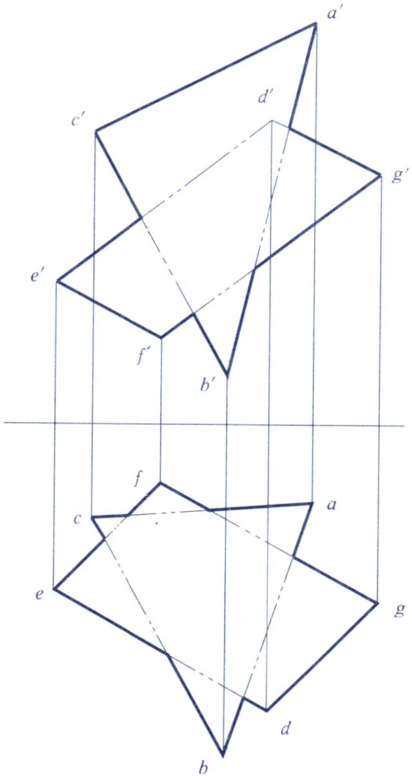

6. 求作正垂面DEF和平面ABC的交线MN，并判别可见性。

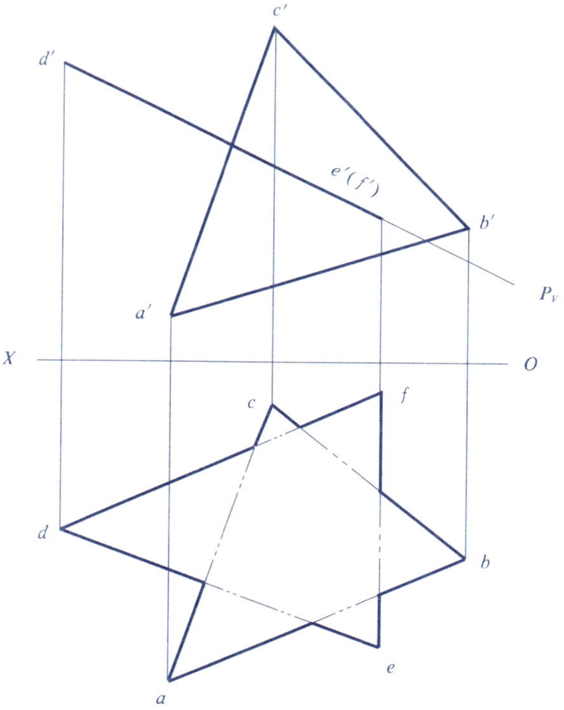

4–1　平面体的投影	班级		姓名		学号		页次	20

1.求三棱锥的第三面投影。

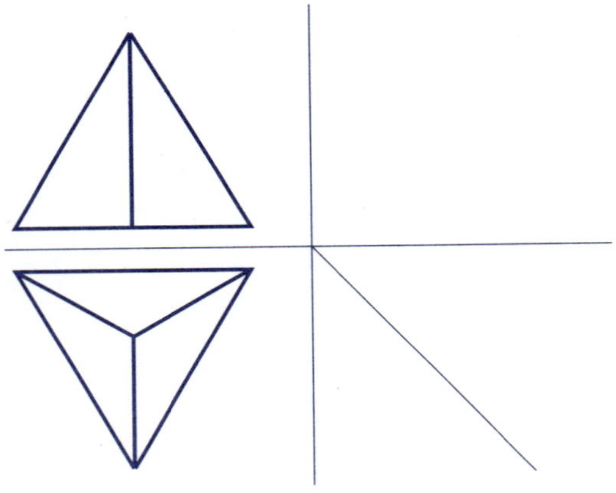

2.求四棱柱的第三面投影。

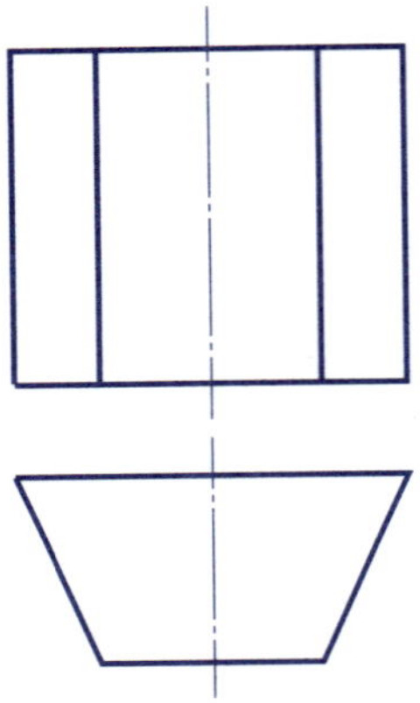

3.求六棱柱的第三面投影。

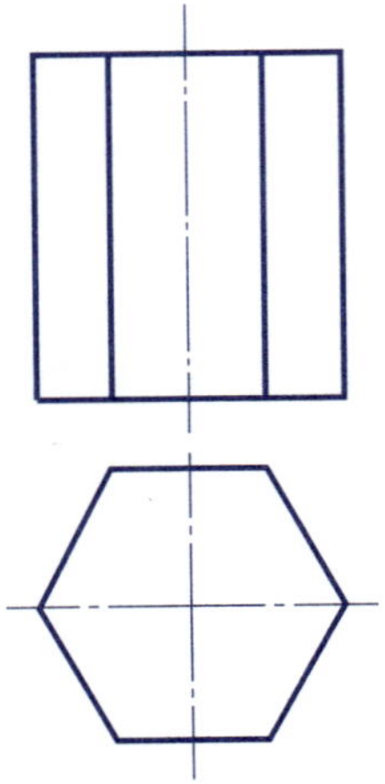

4.求五棱台的第三面投影。

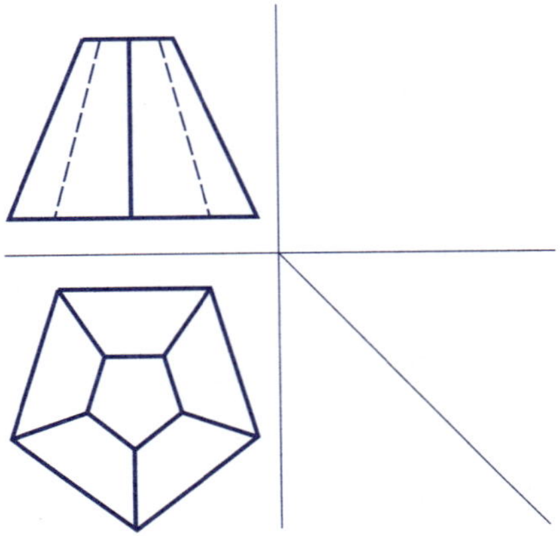

4-2 曲面体的投影	班级		姓名		学号		页次	21

1.求圆柱的第三面投影。

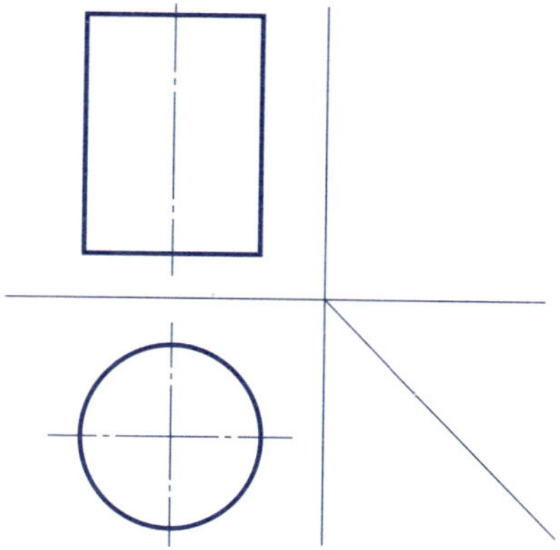

2.求圆锥的第三面投影。

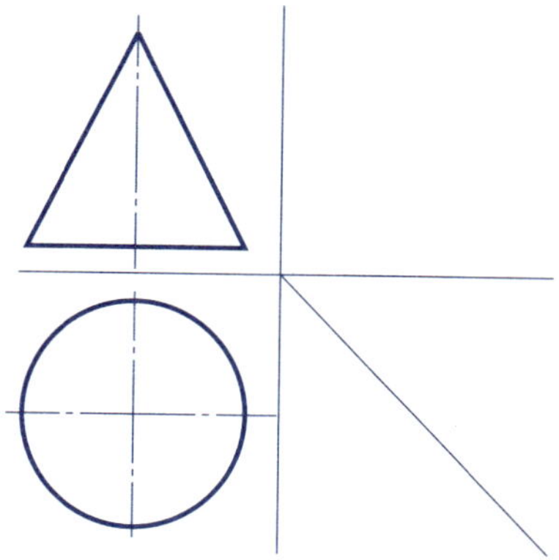

3.求圆锥台的第三面投影。

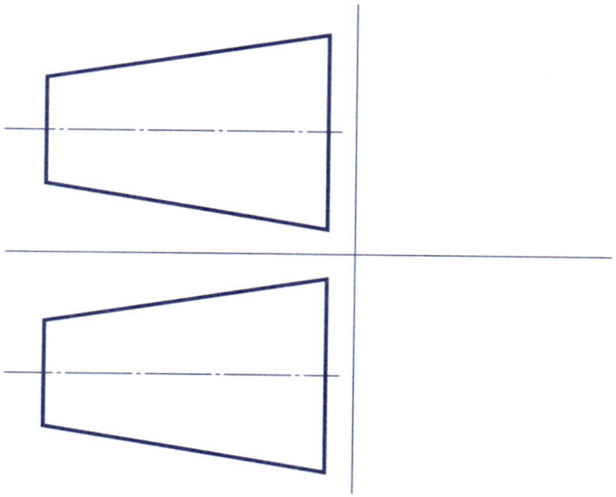

4.完成半圆球的第三面投影。

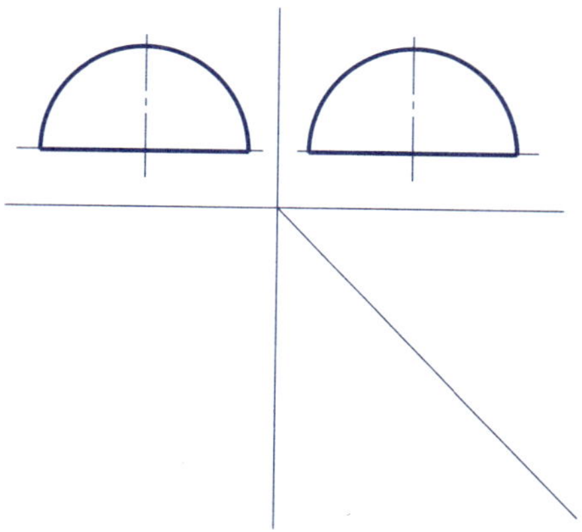

4-3 简单体的投影	班级		姓名		学号		页次	22

1.补画简单体第三视图轮廓中的图线。

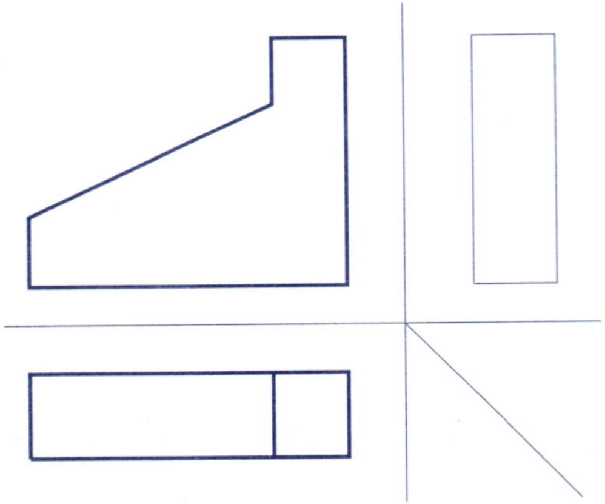

2.补画简单体第三视图轮廓中的图线。

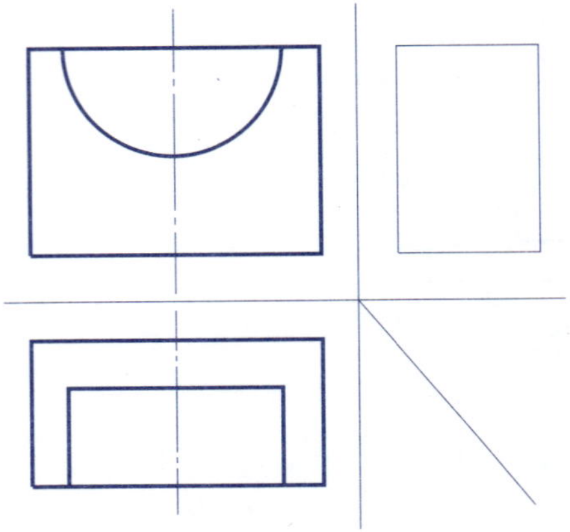

3.补画简单体第三视图轮廓中的图线。

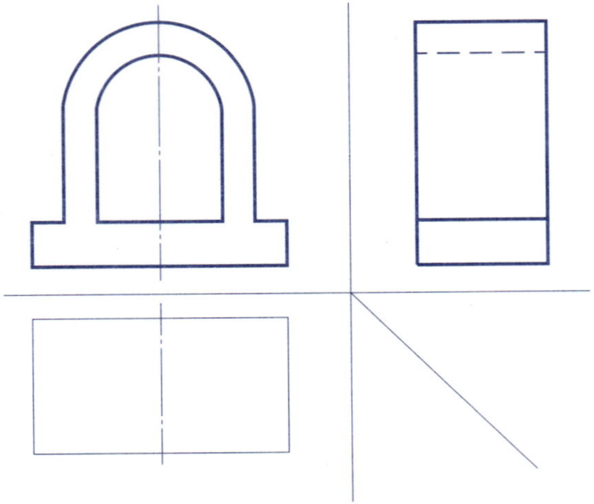

4.补画简单体第三视图轮廓中的图线。

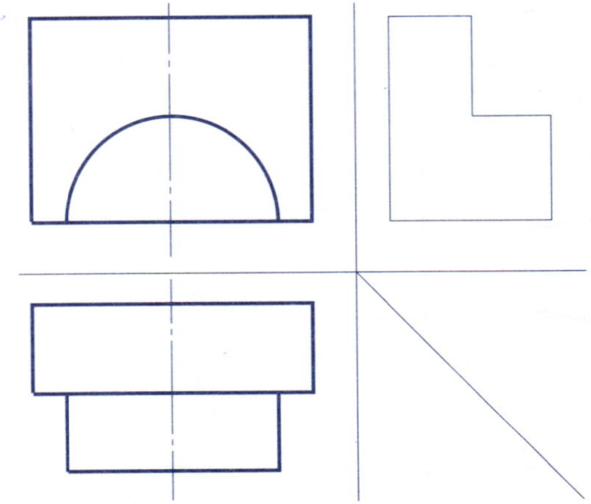

5-1　轴测图(根据视图画出正等测图)(一)	班级		姓名		学号		页次	23

1.根据视图画出正三棱锥的正等测图。

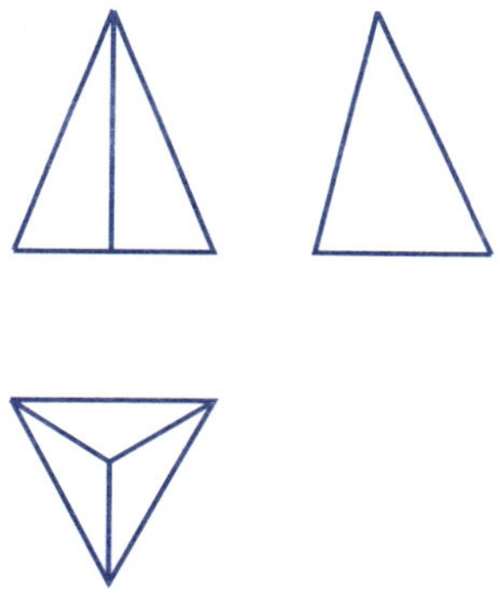

2.根据两视图画出圆柱的正等测图。

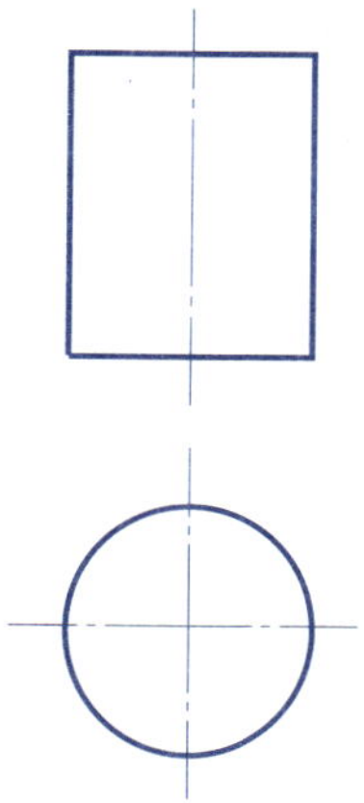

3.根据两视图画出正等测图。

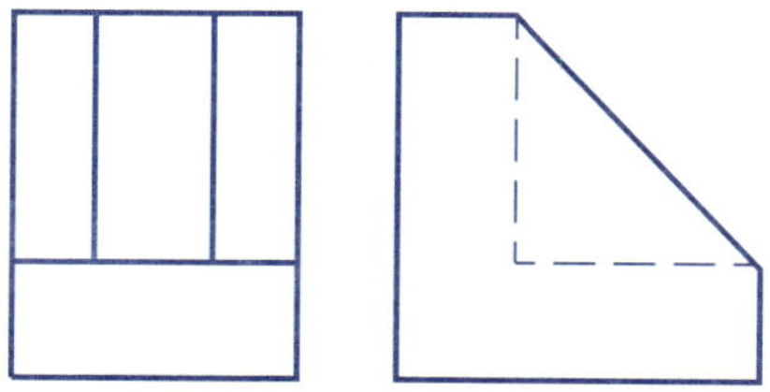

4.根据两视图画出正等测图。

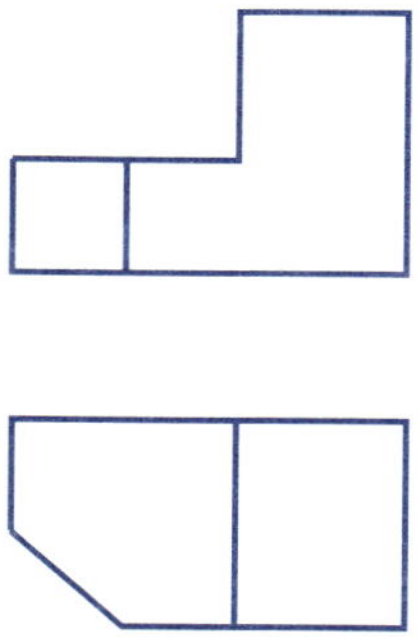

5-1　轴测图(根据视图画出正等测图)(二)	班级		姓名		学号		页次	24

5.根据视图画出组合体的正等测图。

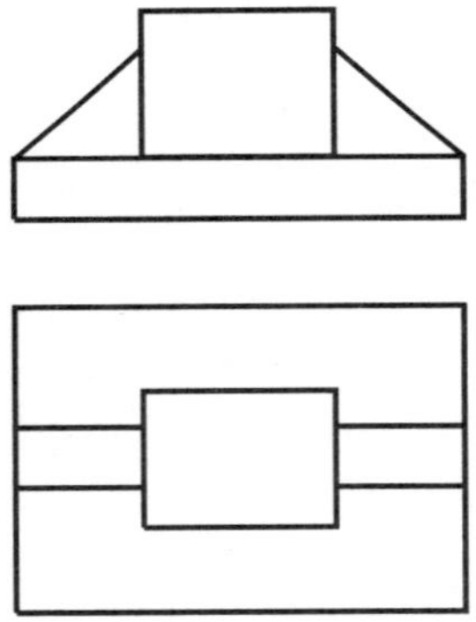

6.根据两视图画出组合体的正等测图。

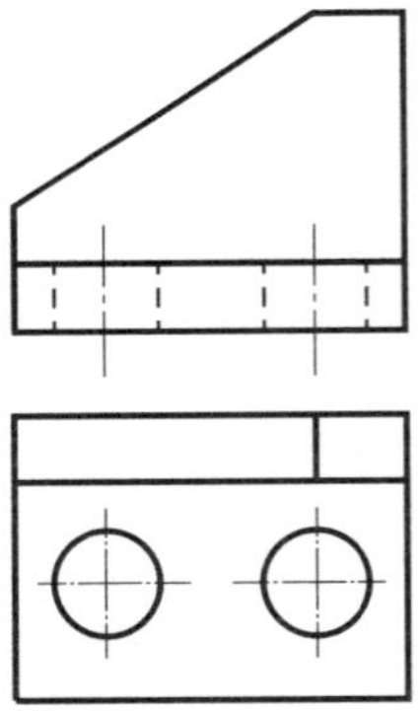

5-2 轴测图(根据视图画出斜二测图)(一)	班级		姓名		学号		页次	25

1.根据两视图画出斜二测图。

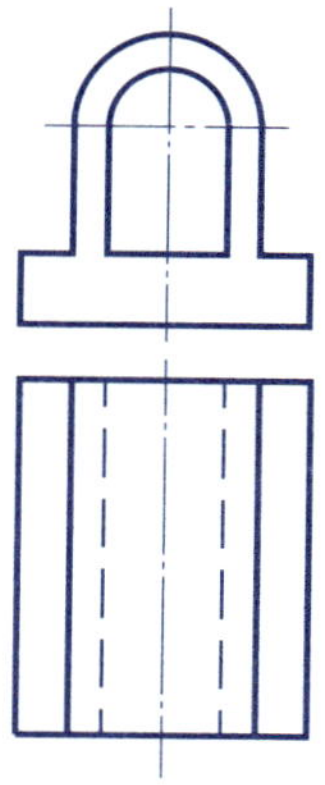

2.根据两视图画出斜二测图。

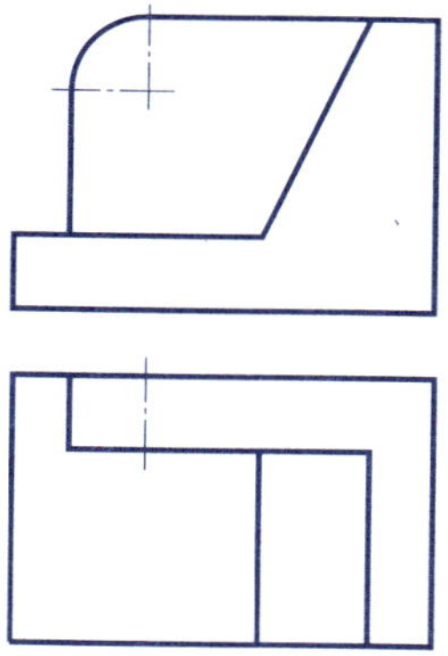

3.根据两视图画出斜二测图。

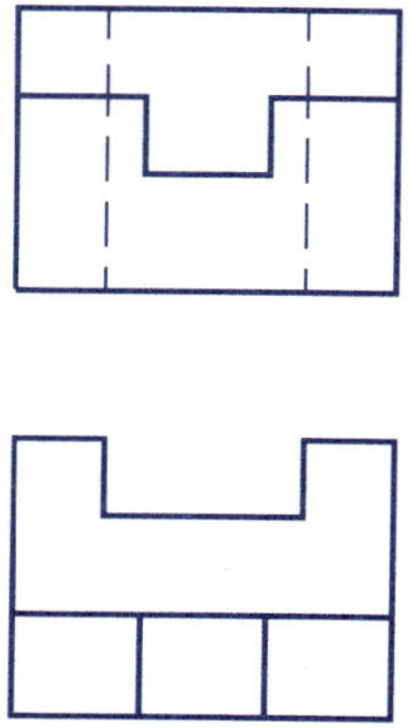

4.根据两视图画出斜二测图。

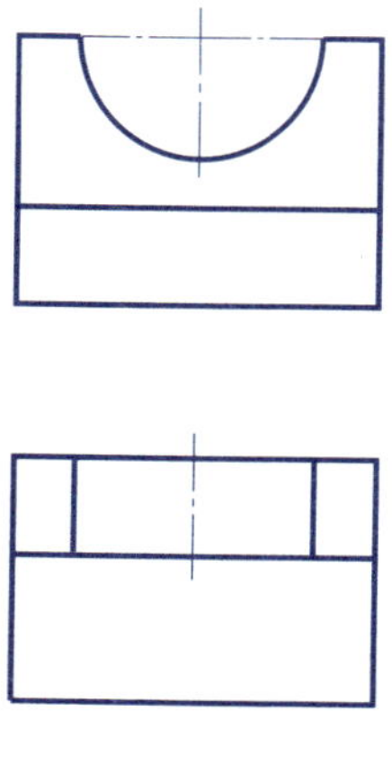

5-2　轴测图(根据视图画出斜二测图)(二)	班级		姓名		学号		页次	26

5.根据两视图画出组合体的斜二测图。

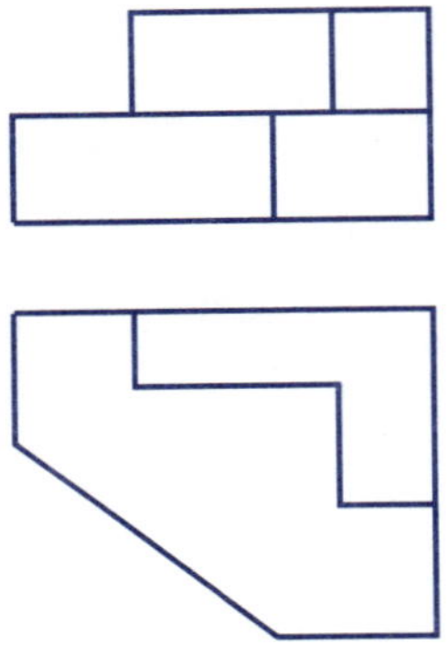

6.根据两视图画出组合体的斜二测图。

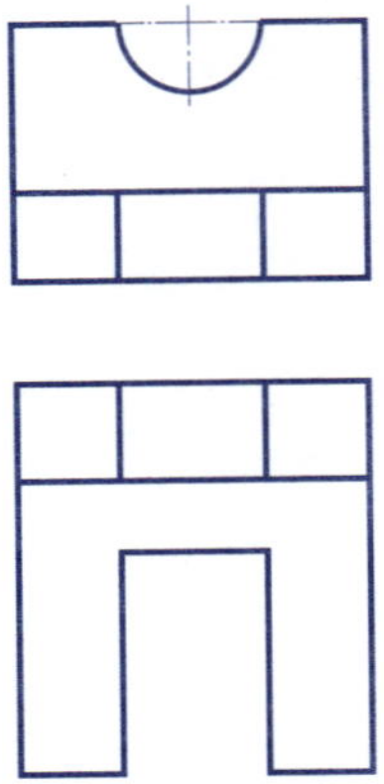

6-1　立体表面取点(一)	班级		姓名		学号		页次	27

1. 求棱柱体表面上点的另外两面投影。

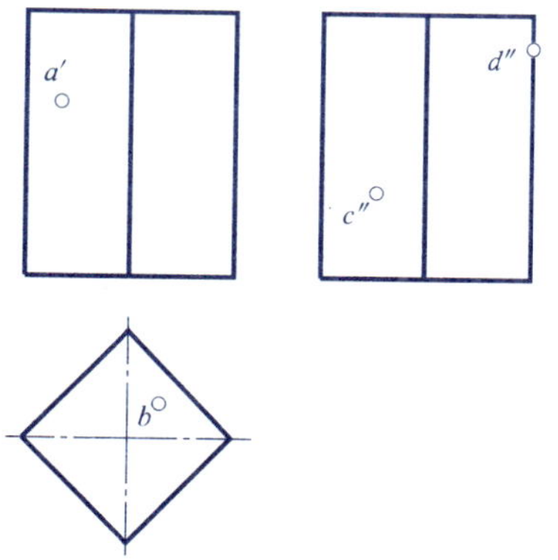

2. 求棱锥体表面上点的另外两面投影。

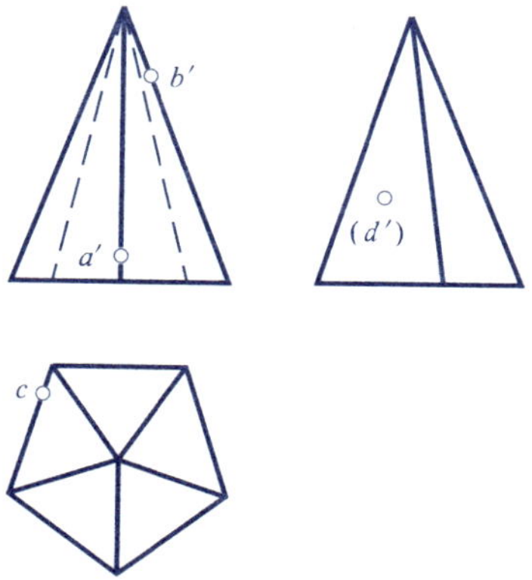

3. 补画棱台体的侧面投影并求其表面上点的另外两面投影。

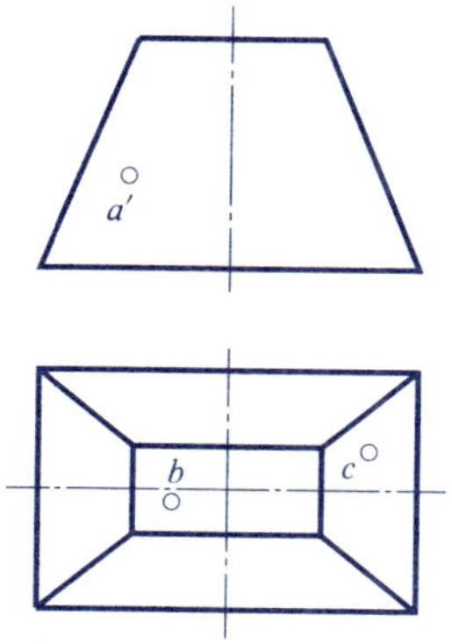

4. 求棱柱体表面上点的另外两面投影。

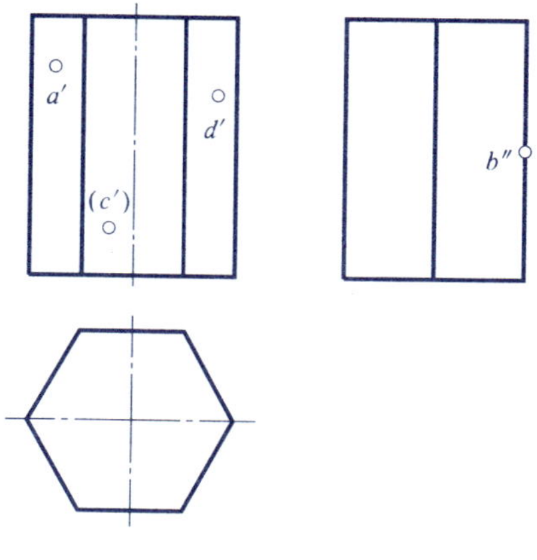

6-1　立体表面取点(二)	班级		姓名		学号		页次	28

1.求圆柱体表面上点的另外两面投影。

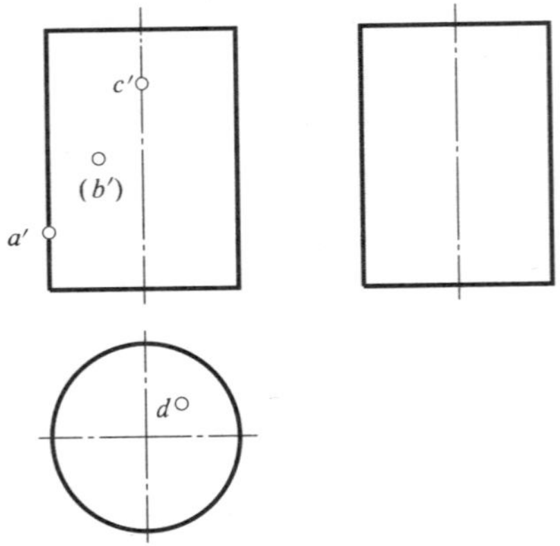

2.求圆锥体表面上点的另外两面投影。

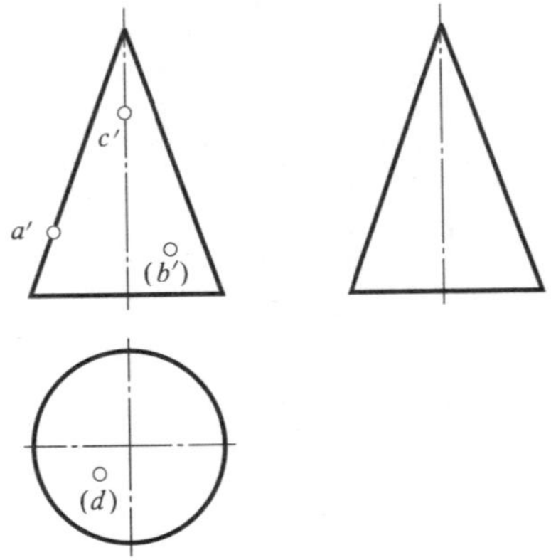

3.求圆台体表面上点的另外两面投影。

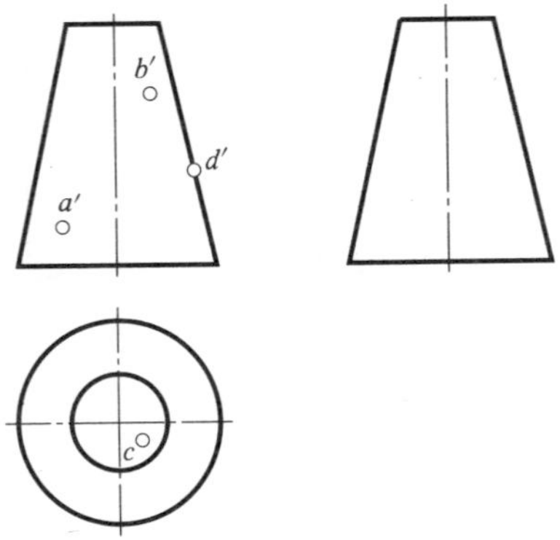

4.求圆球体表面上点的另外两面投影。

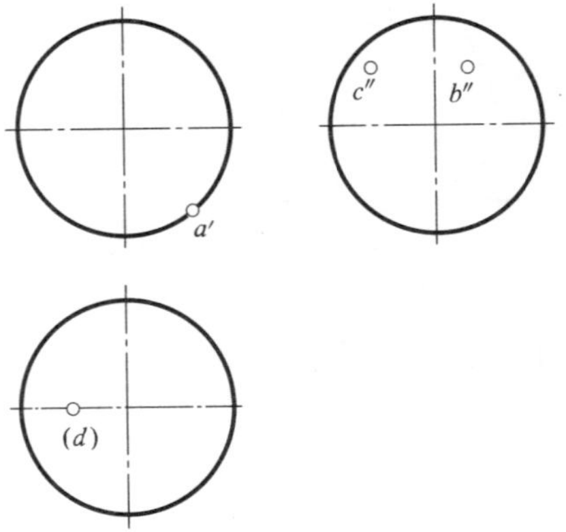

6-2 平面立体表面截交线(一)	班级		姓名		学号		页次	29

1.求棱柱体被截切后的投影。

(1)

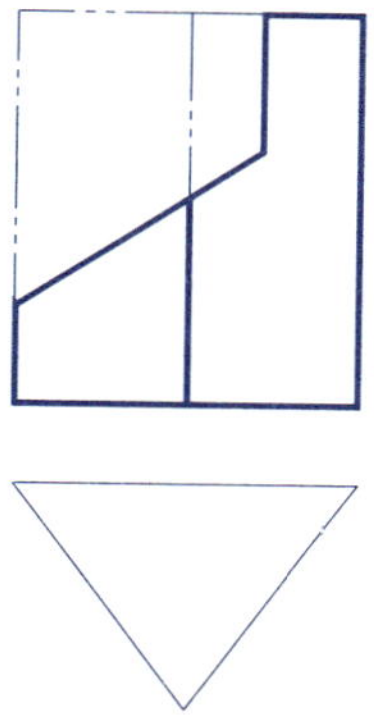

(2)

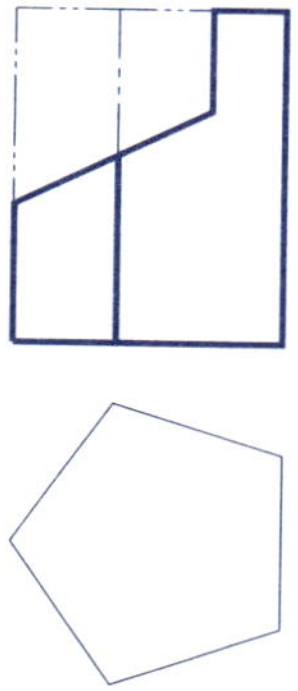

(3)

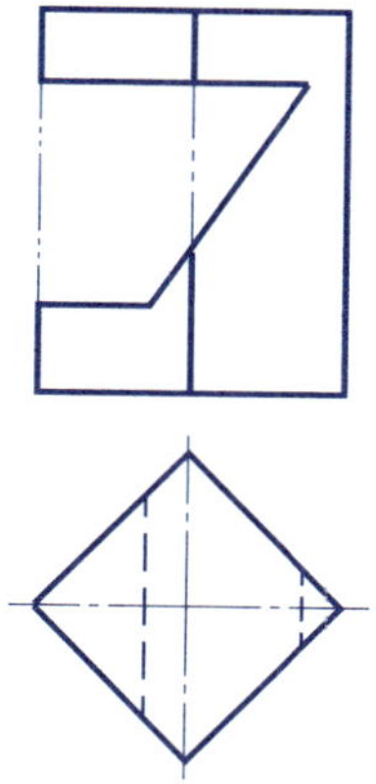

2.求棱锥体被截切后的投影。

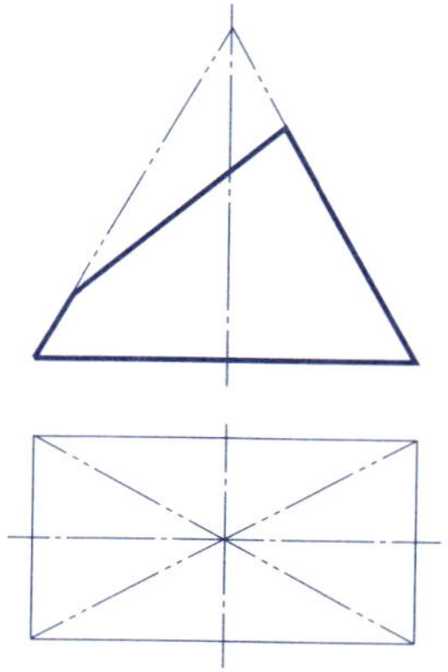

6-2 平面立体表面截交线(二)	班级		姓名		学号		页次	30

3.求圆柱体被截切后的投影。

(1)

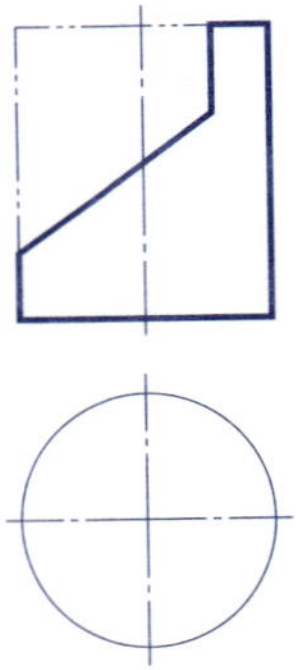

(2)

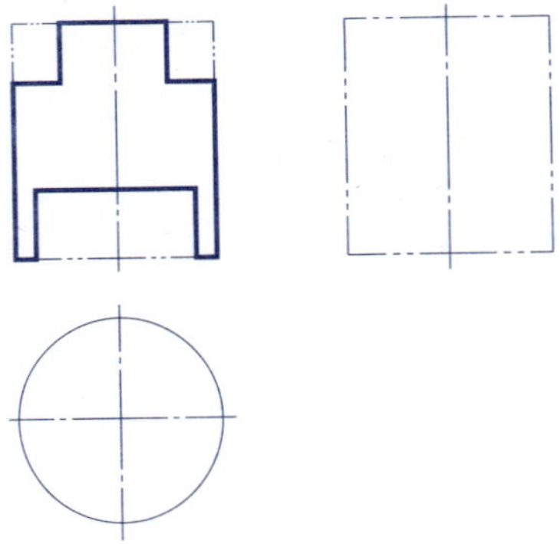

4.求圆锥体被截切后的投影。

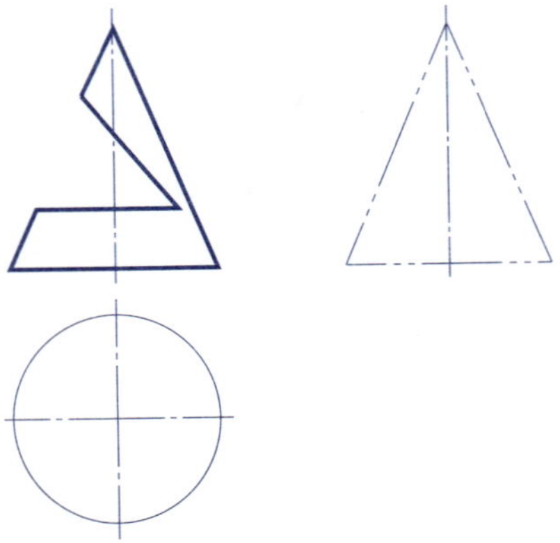

5.求圆球体被截切后的投影。

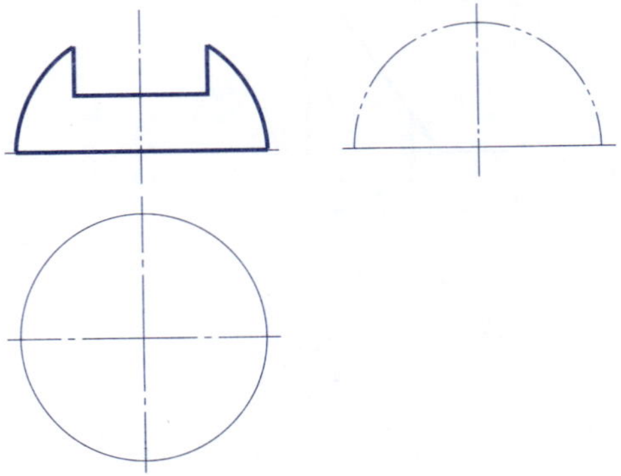

6-3　完成相交两立体的三面投影	班级		姓名		学号		页次	31

(1)

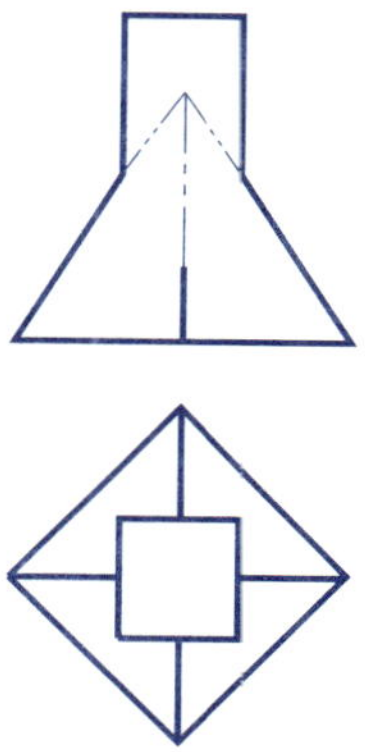

(2)

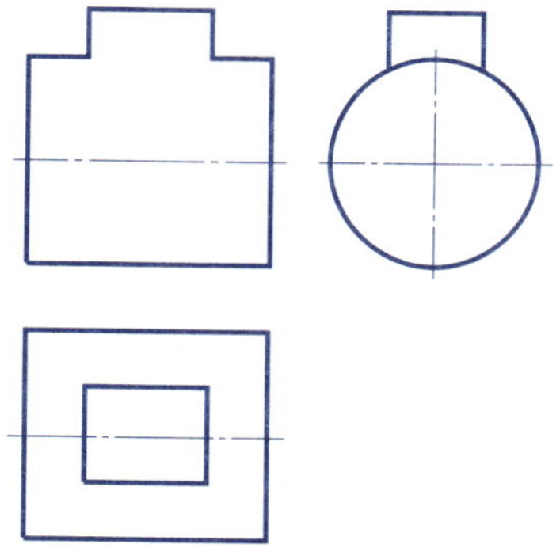

(3)

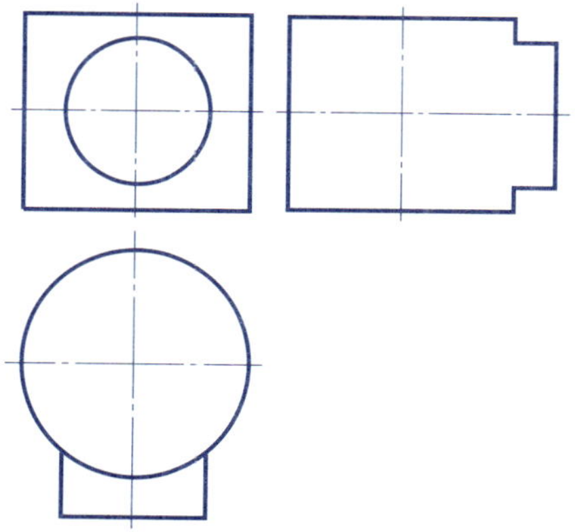

(4)

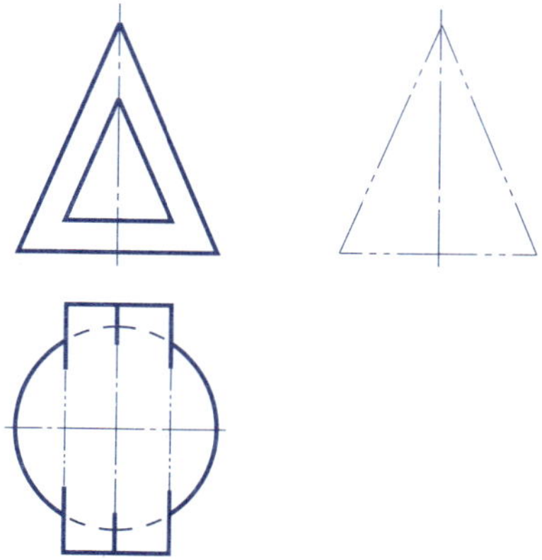

7-1　组合体视图的画法(一)	班级		姓名		学号		页次	32

根据立体图画出组合体的三视图。

(1)

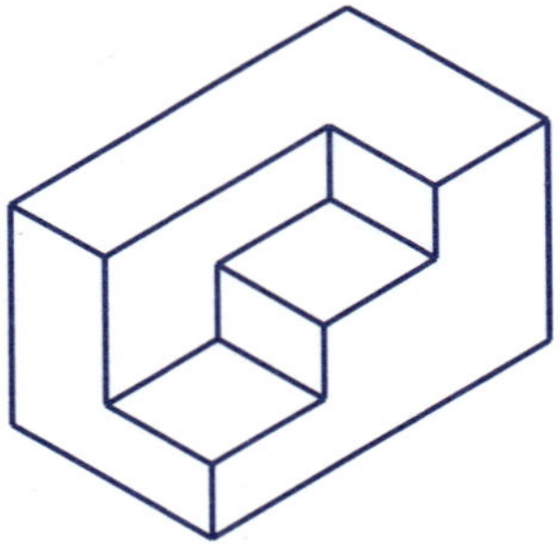

(2)

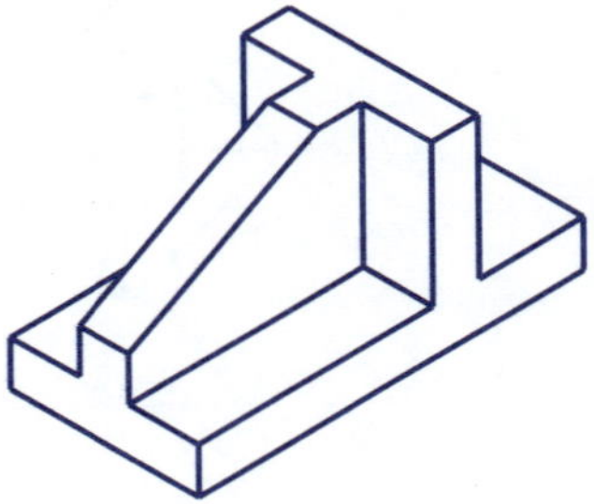

(3)

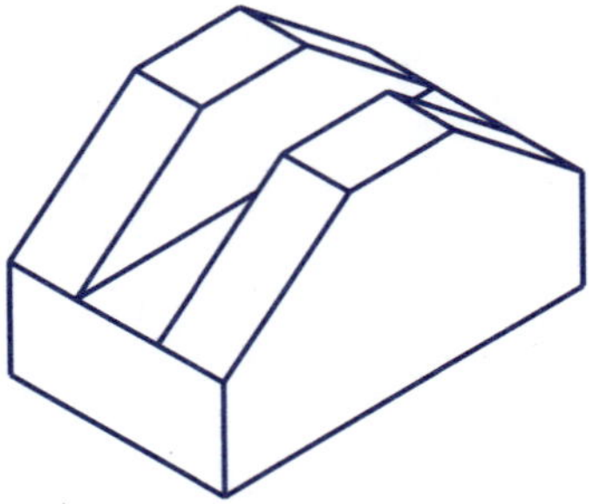

(4)

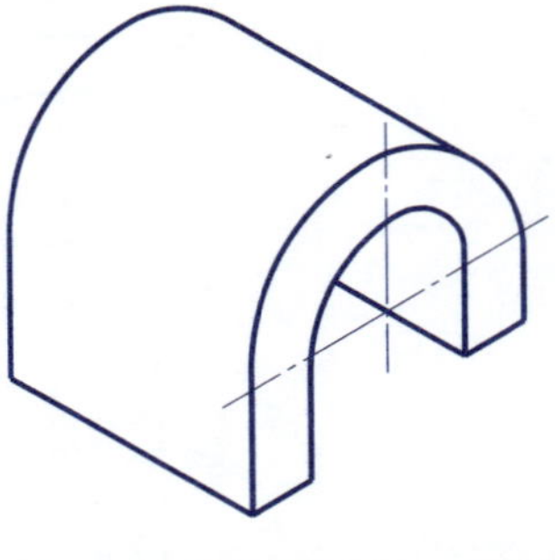

7-1　组合体视图的画法(二)	班级		姓名		学号		页次	33

根据立体图画出组合体的三视图。

(5)

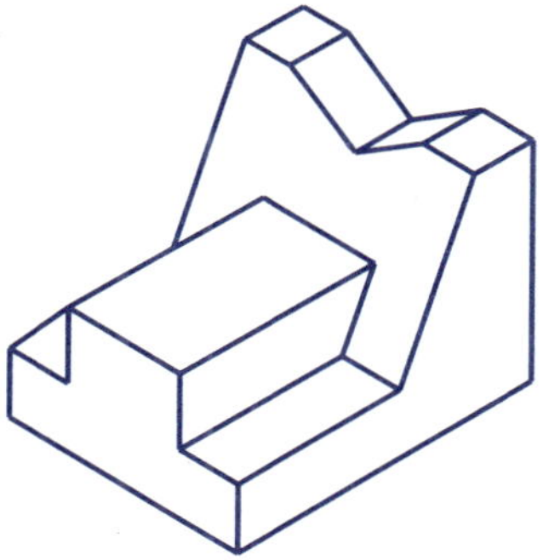

(6)

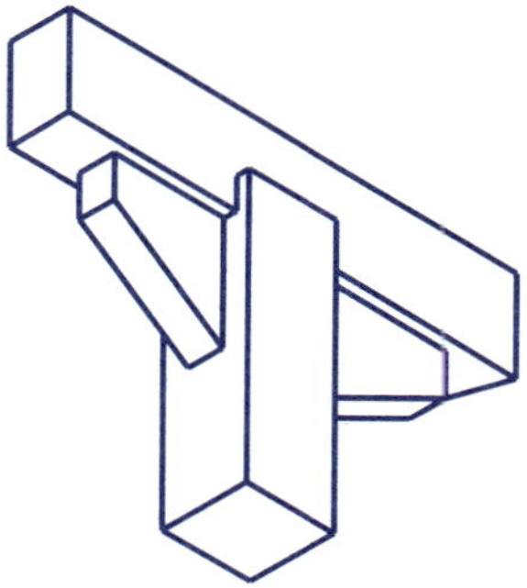

(7)

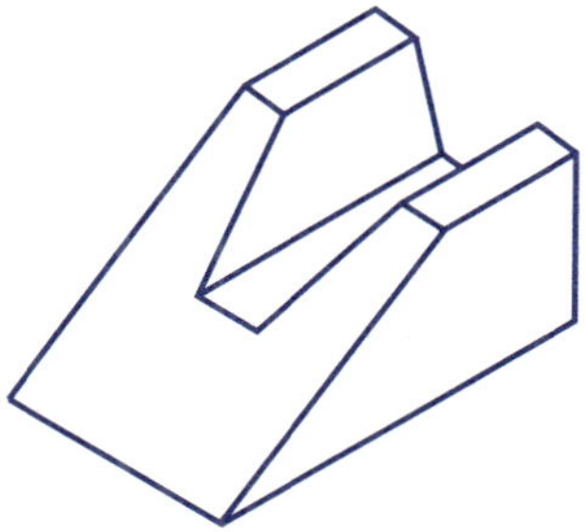

(8)

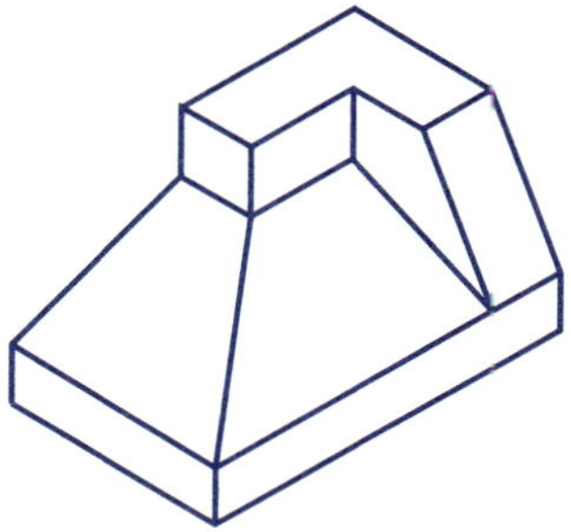

7-1　组合体视图的画法(三)	班级		姓名		学号		页次	34

(9)

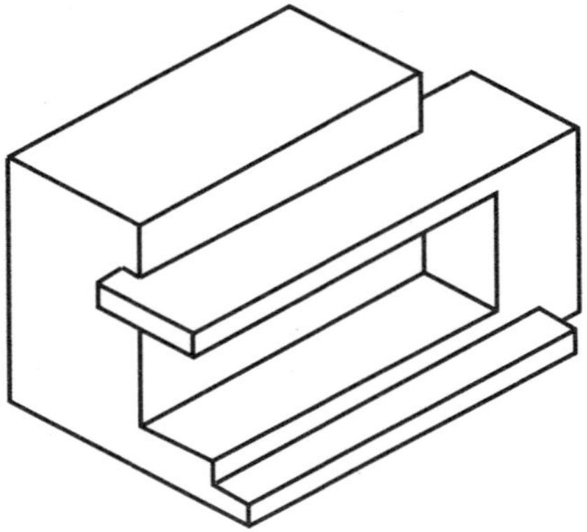

(10)

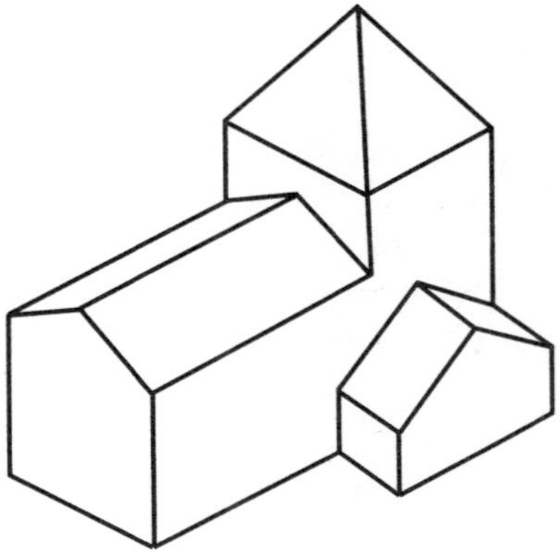

7-1　组合体视图的画法(四)	班级		姓名		学号		页次	35

(11)

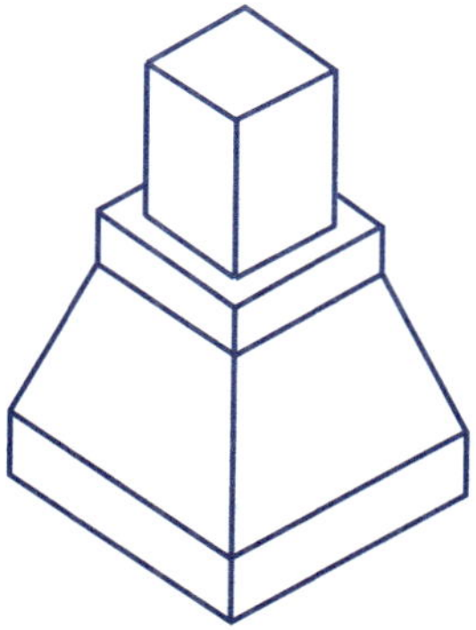

(12)

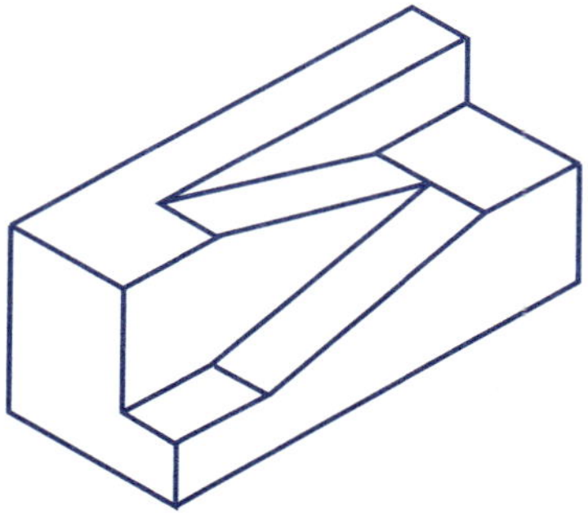

(13)

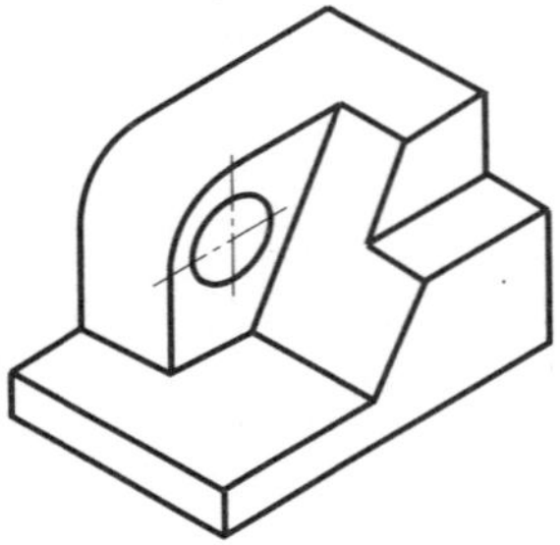

(14)

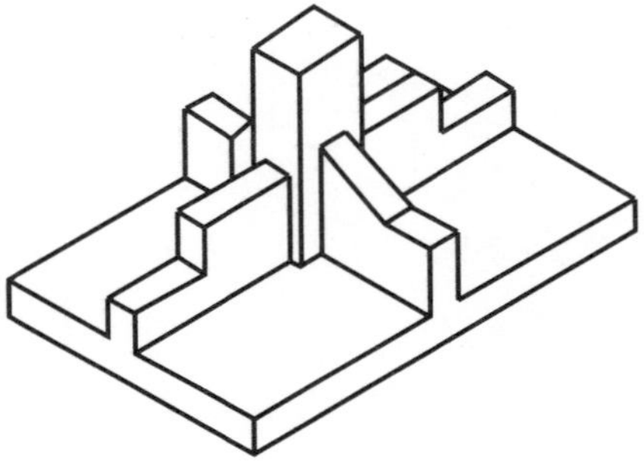

7-2 组合体的尺寸标注(一)	班级		姓名		学号		页次	37

1.标注组合体的尺寸(尺寸从图中量取,取整,比例1:1)。

(1)

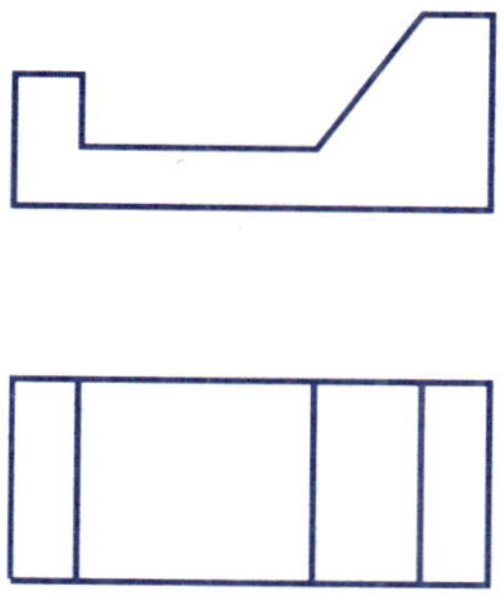

(2)

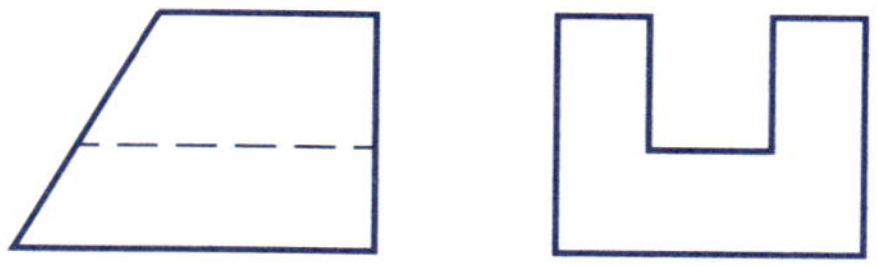

(3)

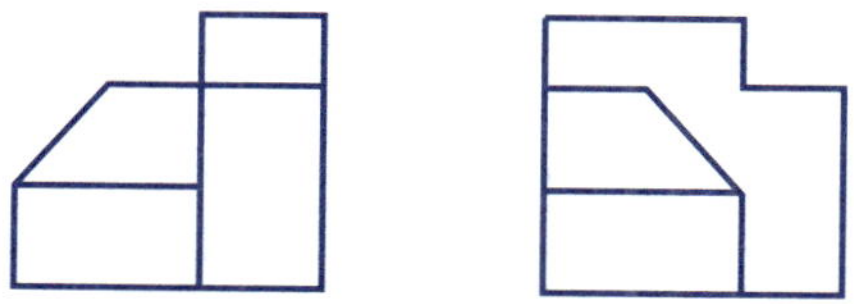

(4)

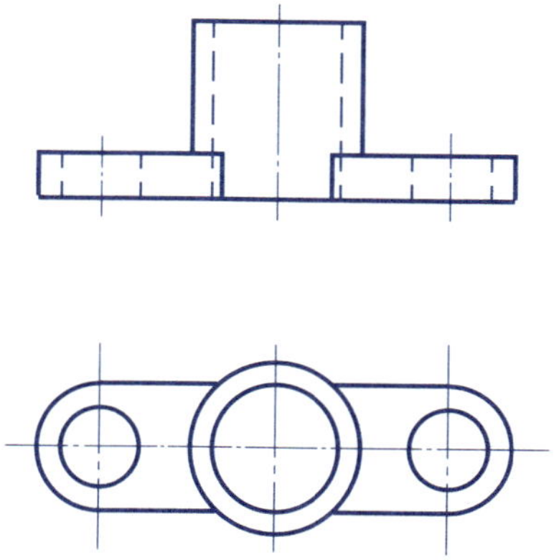

7-2　组合体的尺寸标注(二)	班级		姓名		学号		页次	38

2.根据建筑物的立体图绘制三视图，并在三视图中标注尺寸。

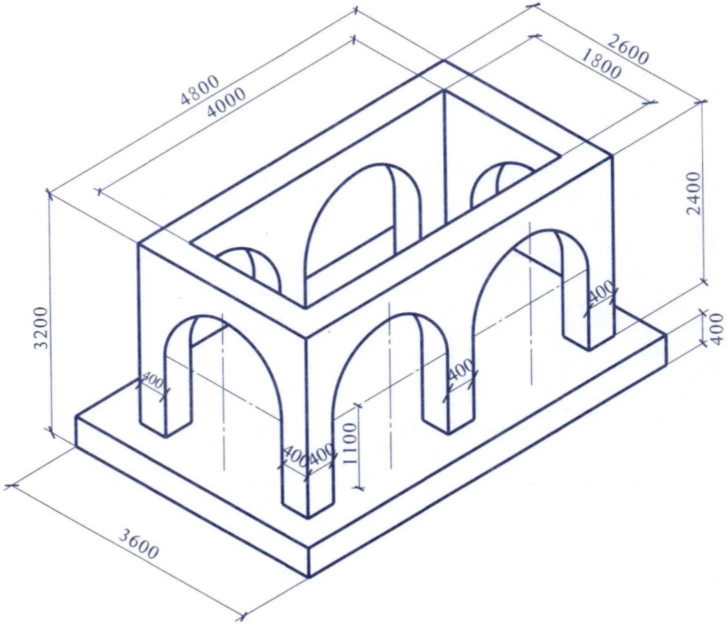

7-3　组合体视图的识读(一)	班级		姓名		学号		页次	39

1.根据立体图找投影图。

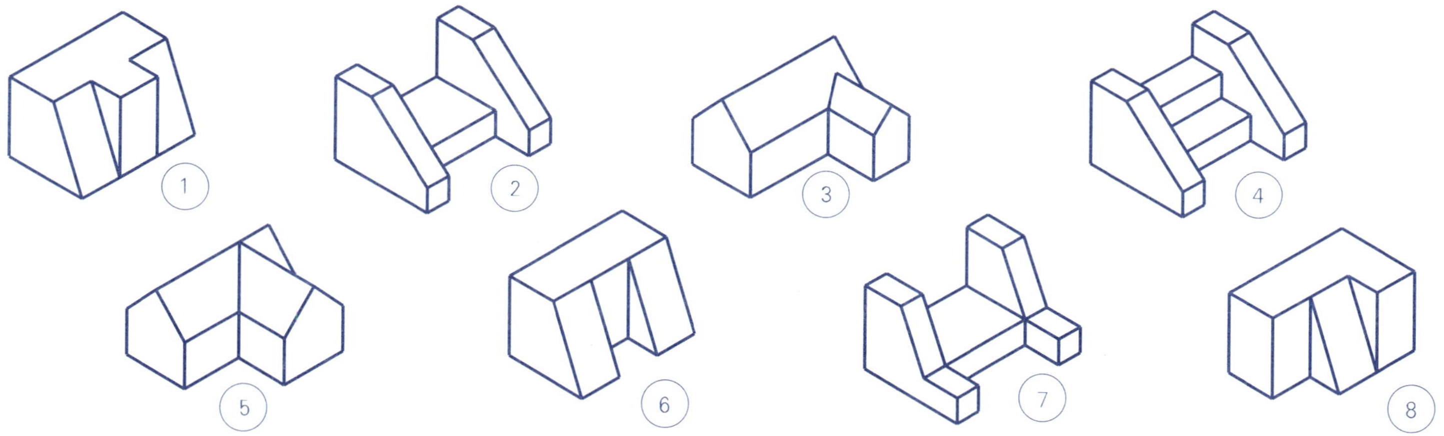

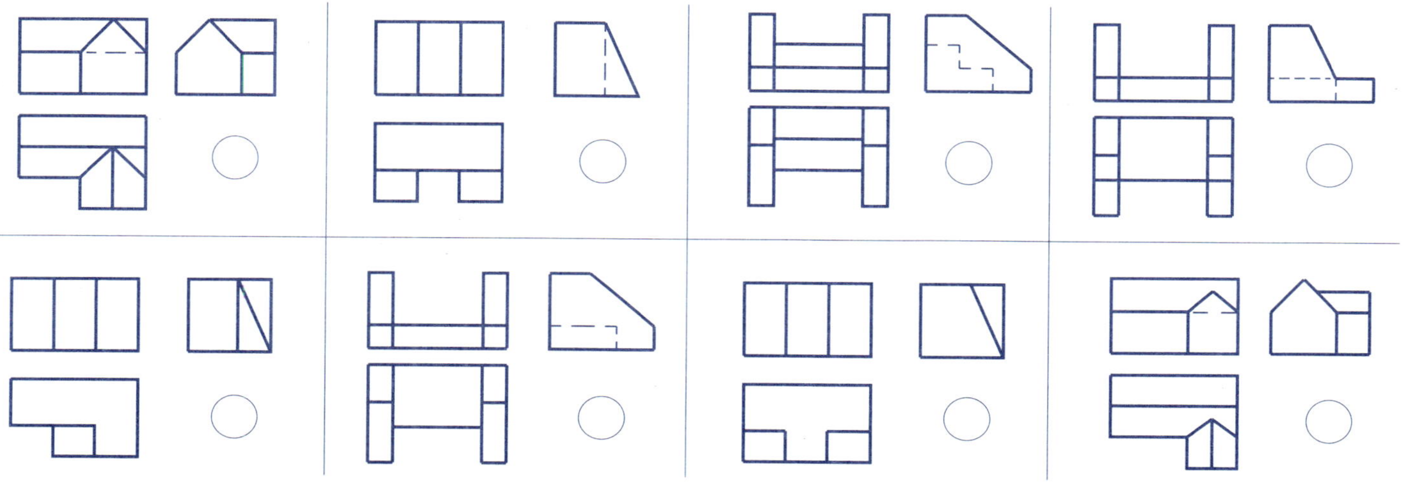

2.补画组合体的第三面投影图。

(1)

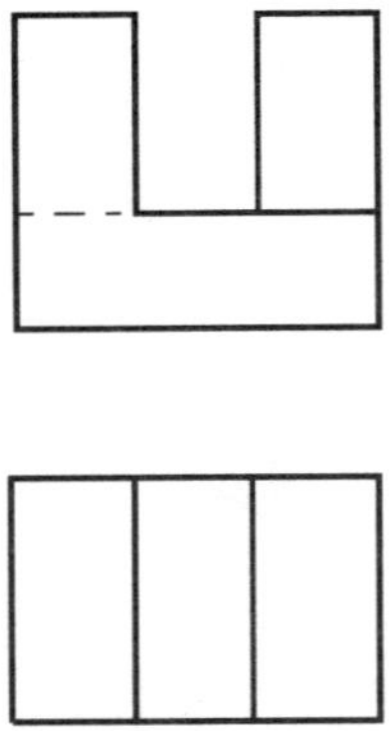

(2)

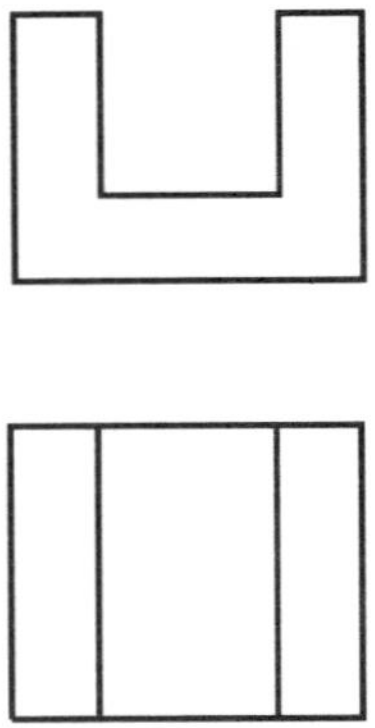

(3)

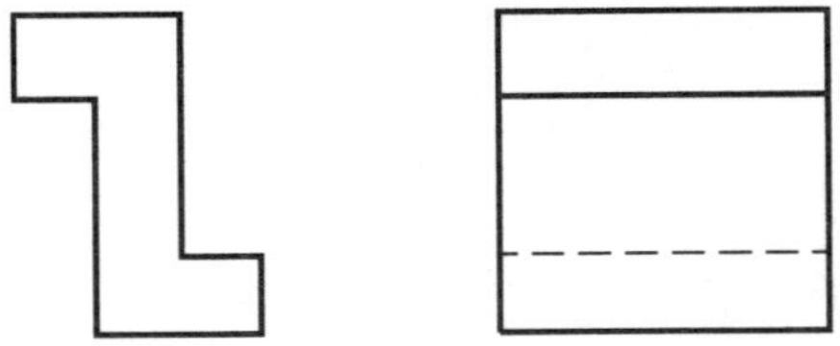

(4)

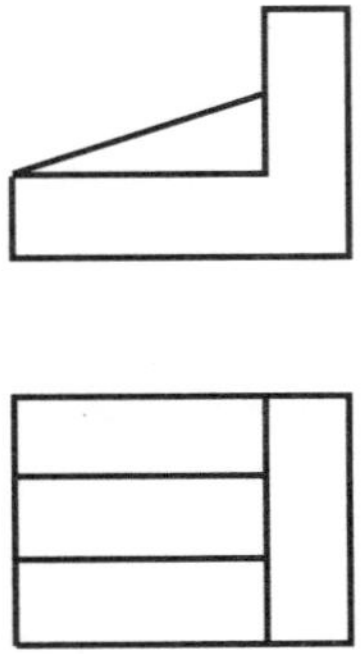

(5)

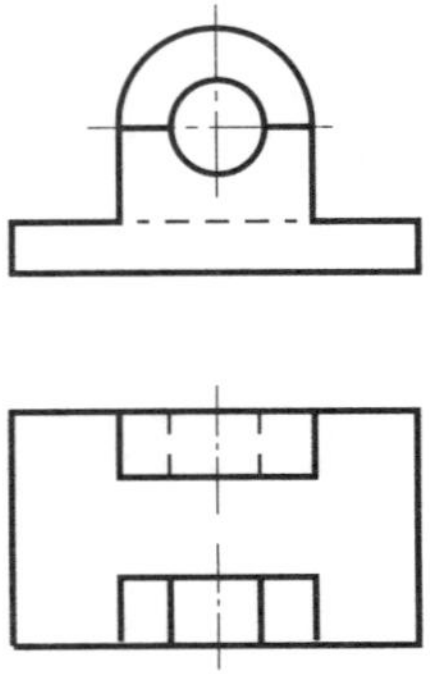

(6)

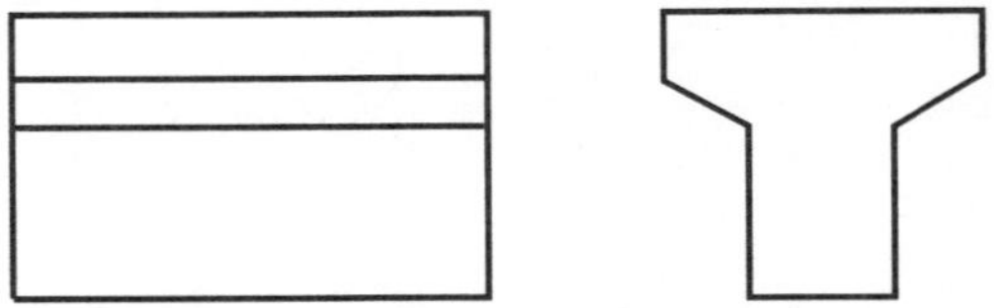

7-3　组合体视图的识读(三)	班级		姓名		学号		页次	41

(7)

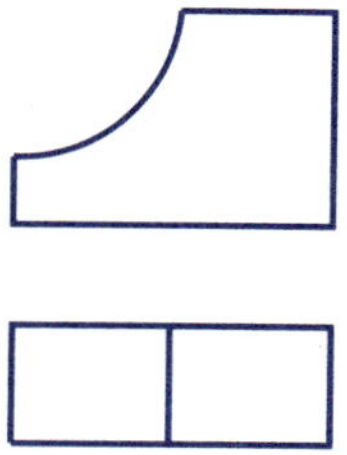

(8)

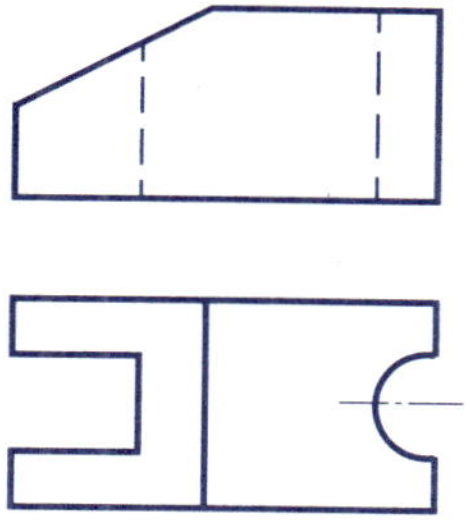

(9)

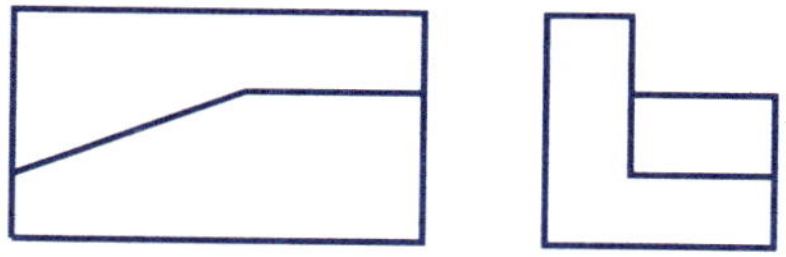

(10)

(11)

(12)

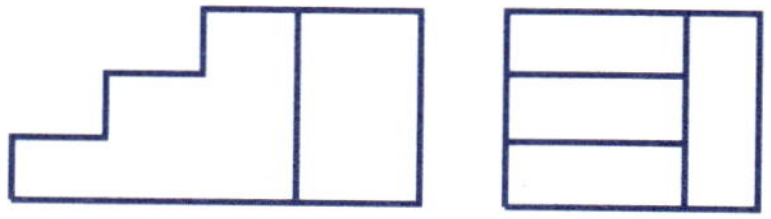

7-3　组合体视图的识读(四)	班级		姓名		学号		页次	42

(13)

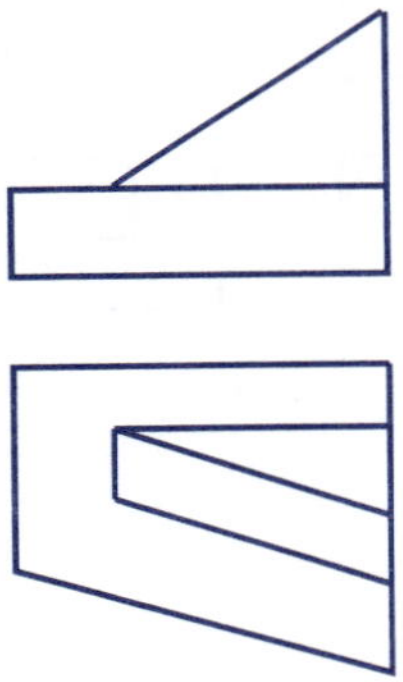

(14)

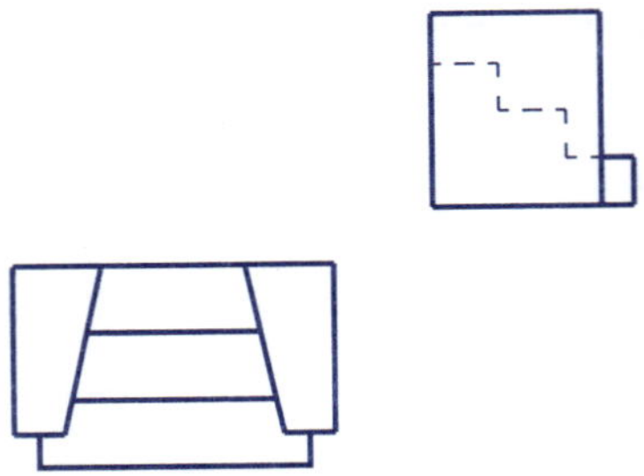

(15)

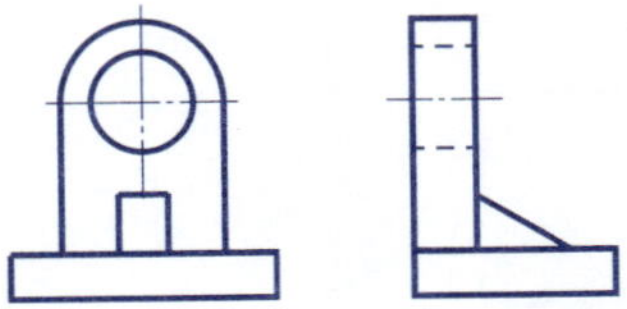

(16)

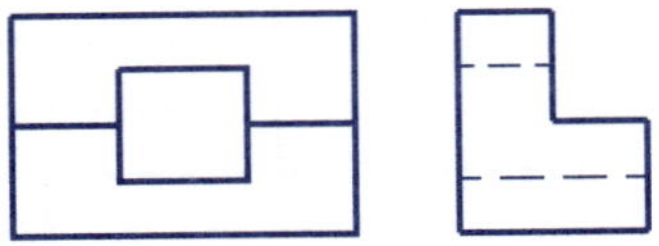

(17)

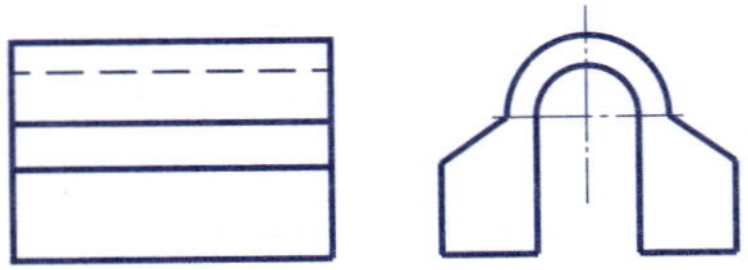

(18)

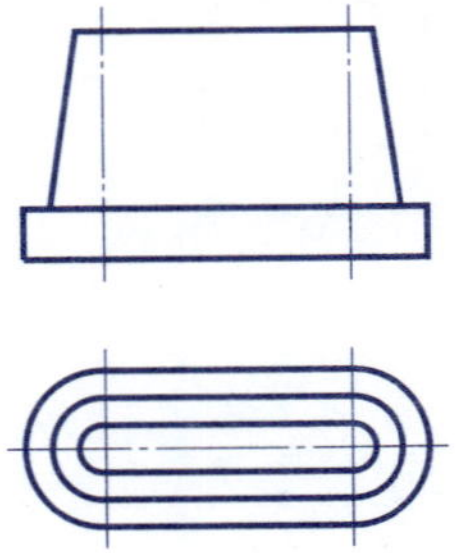

7-3 组合体视图的识读(五)	班级		姓名		学号		页次	43

(19)

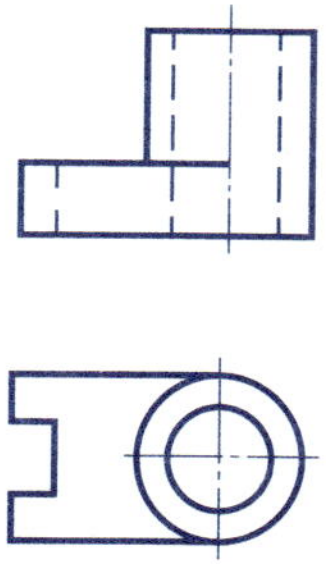

(20)

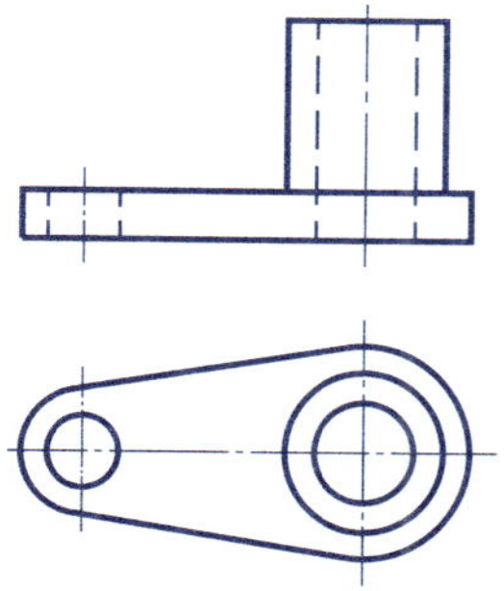

(21)

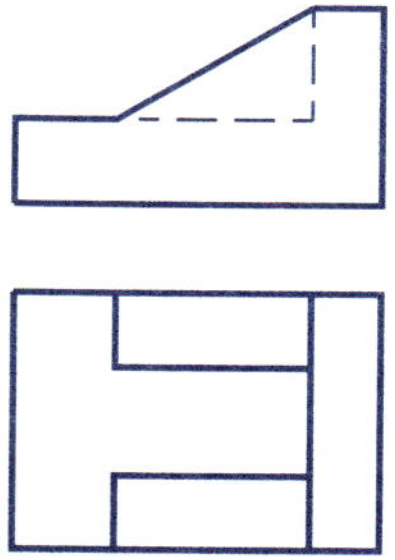

(22)

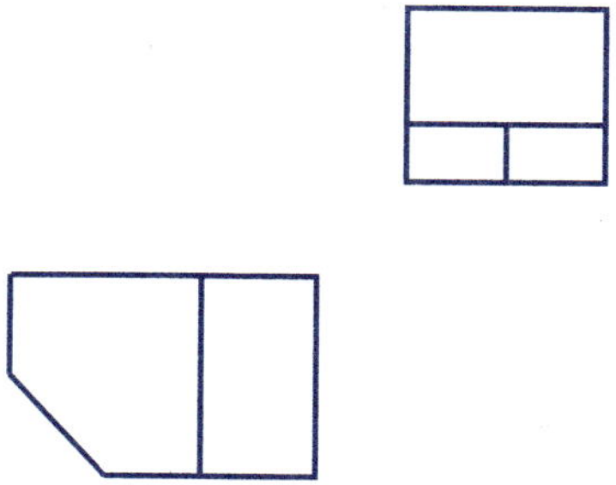

(23)

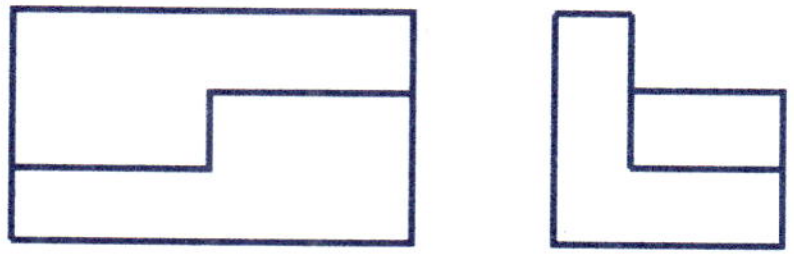

(24)

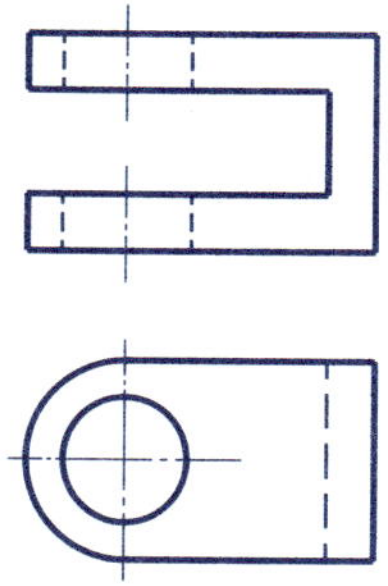

8-1 视图	班级		姓名		学号		页次	44

1. 已知物体的主视图和俯视图，试作出物体的其他四个基本视图。

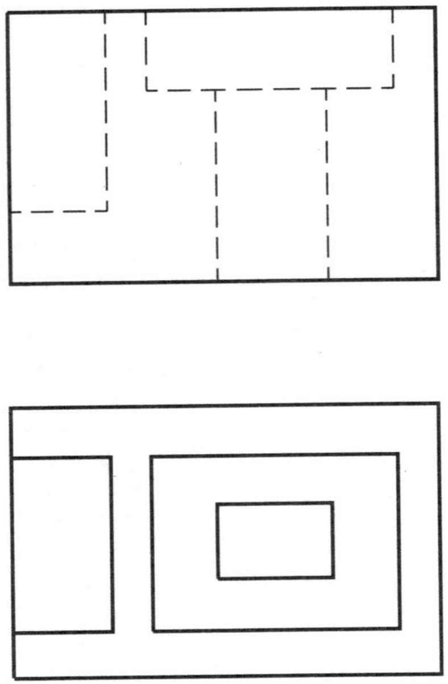

8-2　剖面图(一)	班级		姓名		学号		页次	45

1.作出窗洞上指定位置的剖面图。

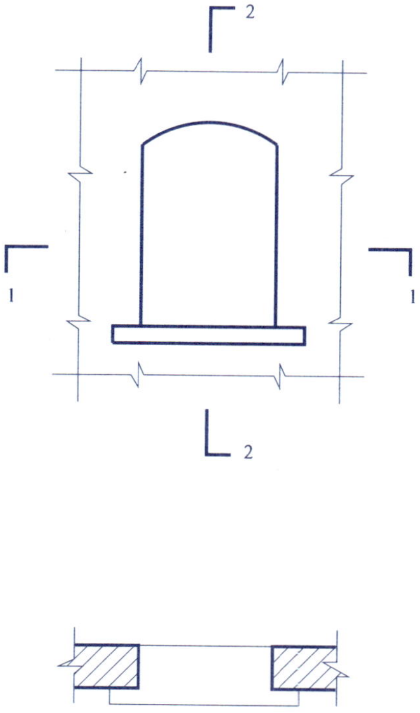

1—1　剖面图

2—2　剖面图

2.作出门窗洞上指定位置的剖面图。

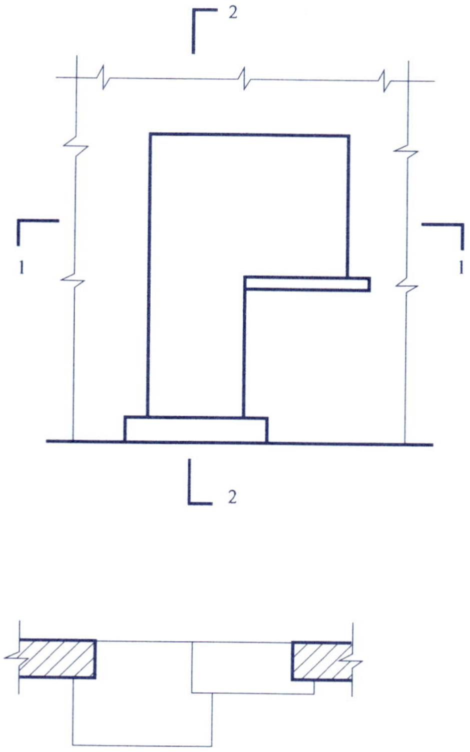

1—1　剖面图

2—2　剖面图

8-2 剖面图(二)	班级		姓名		学号		页次	46

3.作出指定位置上的剖面图。

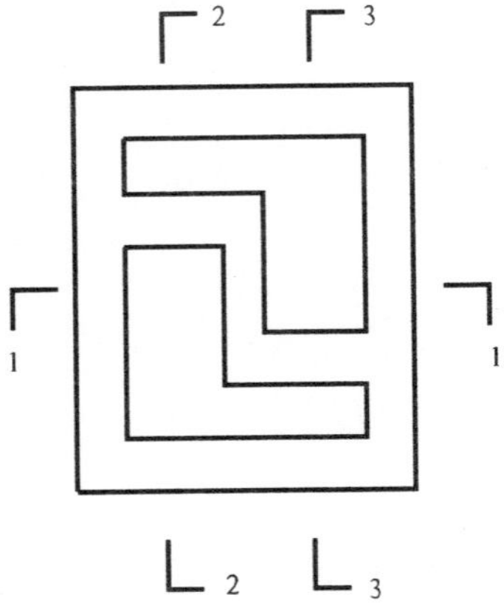

2—2 剖面图

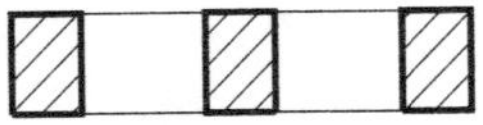

1—1 剖面图

3—3 剖面图

4.作出指定位置上的剖面图。

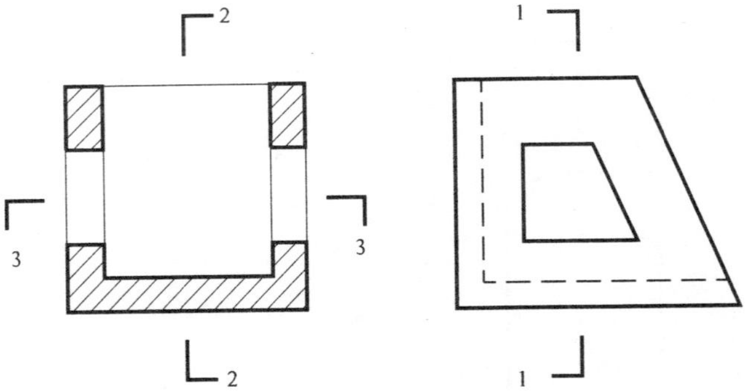

1—1 剖面图

2—2 剖面图

3—3 剖面图

8-2　剖面图(三)	班级		姓名		学号		页次	47

5.根据要求作剖面图。

(1)作出1—1半剖面图。

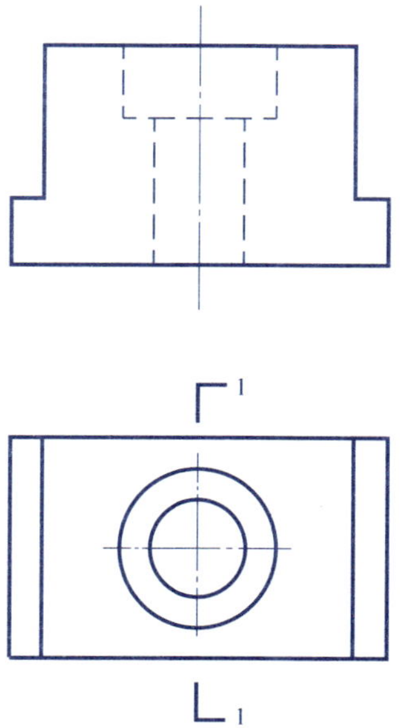

1—1 剖面图

(2)作出1—1半剖面图。

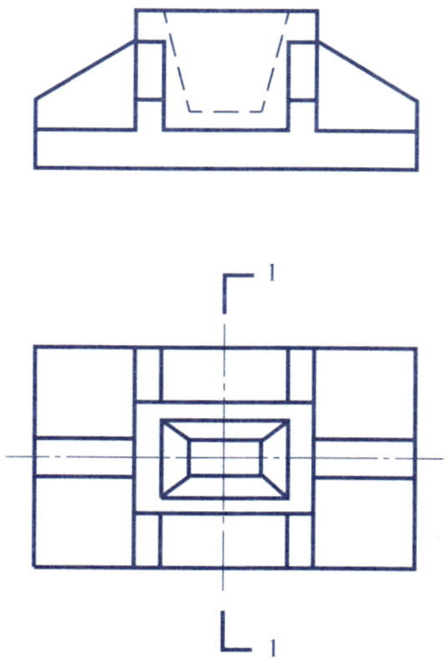

1—1 剖面图

8-2　剖面图(四)	班级		姓名		学号		页次	48

6.作2—2、3—3剖面图。

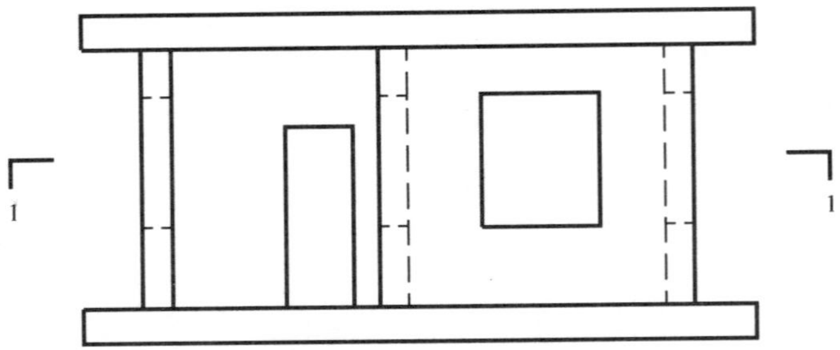

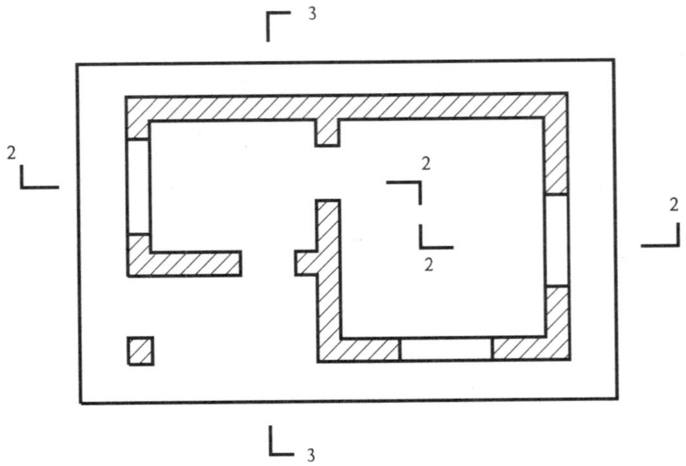

1—1 剖面图

2—2 剖面图

3—3 剖面图

8-3 断面图(一)	班级		姓名		学号		页次	49

1.在指定位置上作出断面图。

(1)作出1—1、2—2断面图。

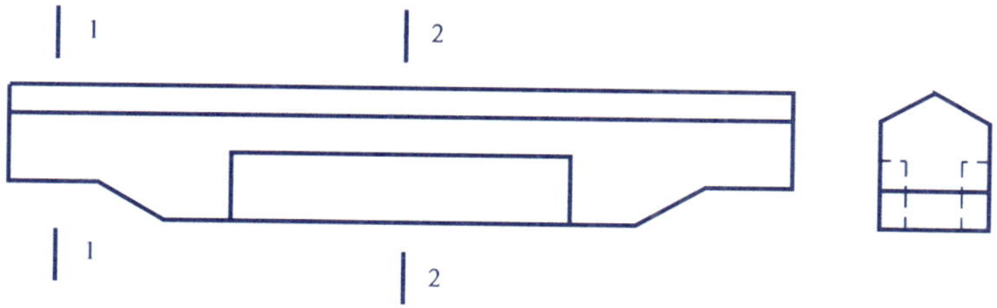

1—1断面图

2—2断面图

(2)作出1—1、2—2断面图。

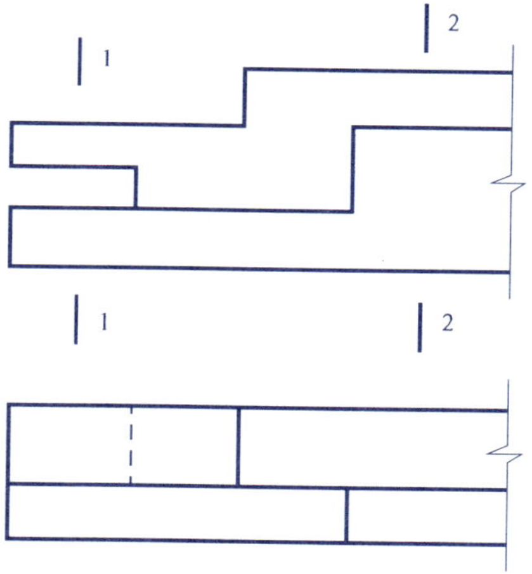

1—1断面图

2—2断面图

8-3 断面图(二)	班级		姓名		学号		页次	50

2. 作出1—1断面图和2—2剖面图。

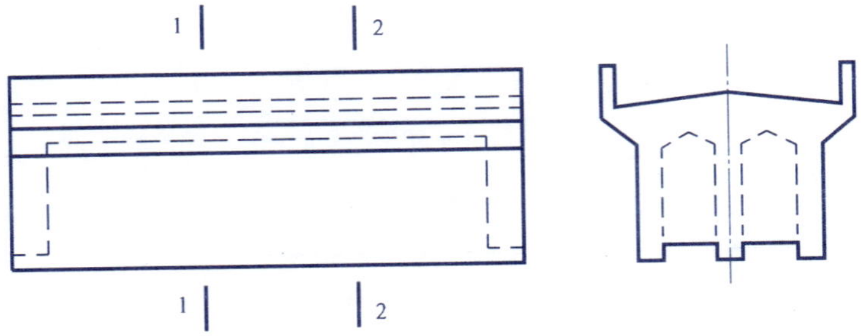

1—1断面图

2—2剖面图

3. 作出1—1断面图和2—2剖面图。

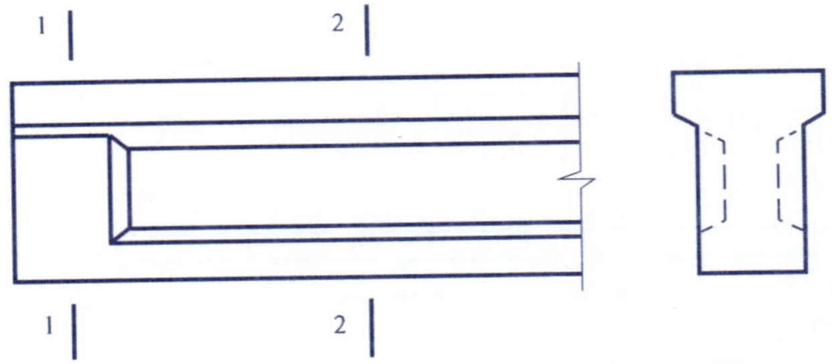

1—1断面图

2—2剖面图

9 钢筋混凝土结构图(一)	班级		姓名		学号		页次	51

一、填空题

1.按钢筋在整个结构中的作用不同，分为：受力钢筋、________、________、________和构造筋。

2.钢筋弯钩的形式有________、________和________三种。

3.在建筑工程图中，钢筋直径的尺寸以________为单位，Ⅰ级钢筋的符号为________，Ⅱ级钢筋的符号为________。

4.绘制钢筋结构图时，构件的轮廓用________线表示，钢筋用________线表示，钢筋的横断面用________表示。

5.对于光圆外形的受力钢筋，为了增加它与混凝土的黏接力，在钢筋端部做成________。

6.在钢筋混凝土梁中，一般配有________、________、________、________。

7.钢筋的一个半圆弯钩应增加钢筋的长度为________。

8.箍筋的一个直弯钩应增加的钢筋长度为________。

9.构件中的模板图主要表示构件的________。

10.在施工图中，平面整体表示方法适用的结构构件有________、________、________三种。

11.在柱平法施工图中采用的标注方法有两种，分别为________方式和________方式。

12.在梁的平法施工图中采用的标注方法有________方式和________方式两种。

9 钢筋混凝土结构图(二)	班级		姓名		学号		页次	52

二、选择题

1.钢筋类别中HRB的含义是(　　)。

(a) 热轧带肋钢筋　　(b) 热轧光圆钢筋

(c) 热处理钢筋　　(d) 冷拉钢筋

2.钢筋的符号"Φ"表示(　　)。

(a) HPB300钢筋　　(b) HRB335钢筋

(c) HRB400钢筋　　(d) RRB400钢筋

3.钢筋混凝土结构中承受拉压应力的钢筋称为(　　)。

(a) 受力钢筋　　(b) 分布钢筋

(c) 架立钢筋　　(d) 光滑钢筋

4.一般梁中受力钢筋的保护层厚度为(　　)。

(a) 10 mm　(b) 15 mm　(c) 20 mm　(d) 25 mm

5. 一般板中受力钢筋的保护层厚度为(　　)。

(a) 5 mm　(b) 15 mm　(c) 20 mm　(d) 25 mm

6.在钢筋图中,为了突出钢筋的表达,图内(　　)。

(a) 不画混凝土剖面材料符号,钢筋与构件的轮廓均用粗实线绘制

(b) 钢筋用粗实线绘制,画剖面材料符号,构件的轮廓均用细实线绘制

(c) 钢筋断面用小黑点表示,钢筋与构件的轮廓均用粗实线绘制

(d) 钢筋用粗实线绘制,构件的轮廓用细实线绘制,不画混凝土剖面材料符号

7.钢筋布置图中,需要标注的尺寸是(　　)。

(a) 钢筋的编号、直径和数量

(b) 钢筋的编号、直径、数量和构件的外形尺寸

(c) 钢筋的编号、数量、直径、间距代号、间距与构件的主要尺寸

(d) 钢筋的编号、数量、直径、间距代号、间距、构件的主要尺寸和单根钢筋的尺寸

9　钢筋混凝土结构图(三)	班级		姓名		学号		页次	53

8.钢筋布置图中尺寸“ ⑥4Φ8@200” 中的4表示(　　)

(a) 间距为4　　(b) 钢筋直径为4

(c) 编号为4　　(d) 4根钢筋

9.下列关于钢筋编号的说法正确的是(　　)

(a) 相同直径的钢筋只编一个号

(b) 型式、规格、长度相同的钢筋只编一个号

(c) 相同长度的钢筋只编一个号

(d) 直径、长度相同的钢筋只编一个号

三、思考题

1.钢筋的等级有哪些? 它们的代号分别是什么? 按在构件中的作用分为哪几种钢筋?

2.为什么要对钢筋编号? 怎么编号?

3.梁平法施工图的表达方法有哪些? 分别包括哪些内容?

4.用文字说明下列标注的意义:

2Φ16:________________________________。

Φ8@20:________________________________。

3Φ25+2Φ22:________________________________。

6Φ25 2/4:________________________________。

KL(2A) 300×650:________________________________。

9 钢筋混凝土结构图(四)	班级		姓名		学号		页次	54

四、综合分析题：识读钢筋混凝土梁的立面图和2—2断面图，并补画1—1断面图。

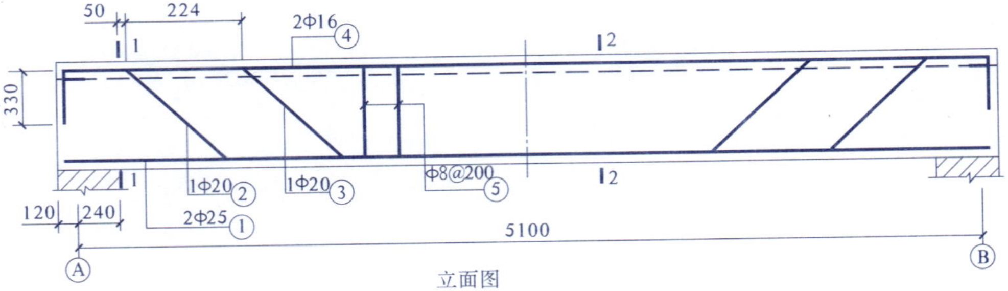

立面图

1—1断面图

钢筋表

编号	直径 (mm)	钢筋简图	单根长度 (mm)	根数	总长 (m)	单位重 (kg/m)
①	25	5290	5290	2	10.58	40.73
②	20	330 385 848 3320 848 385 330	6446	1	64.46	31.75
③	20	330 785 848 2520 848 785 330	6446	1	64.46	31.75
④	16	5290	5490	2	10.98	17.32
⑤	8	300 700 600 200	1800	25	45.00	19.25

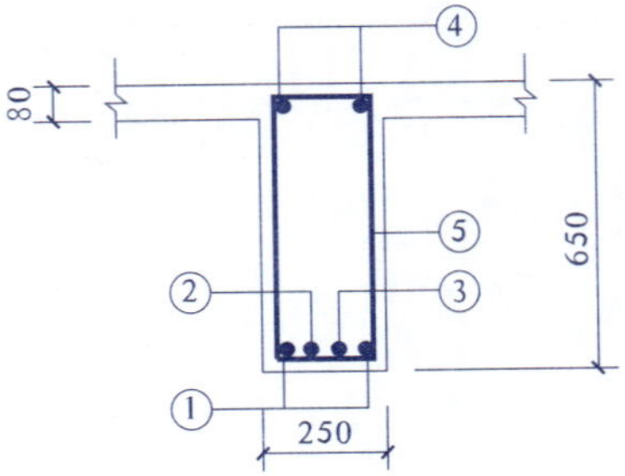

2—2断面图

10-1 识读建筑总平面图	班级		姓名		学号		页次	55

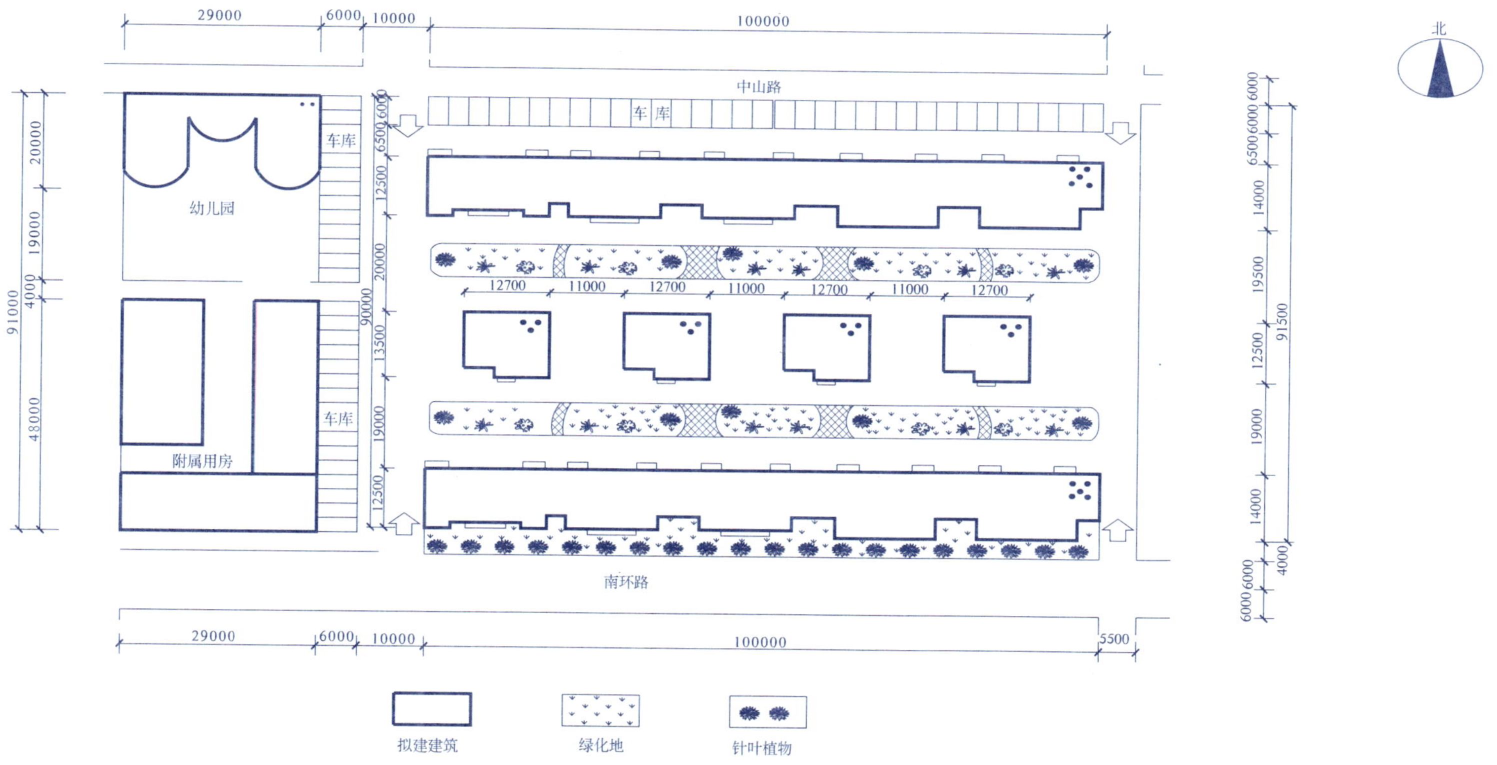

某小区总平面图 1:500

10-2 识读建筑平面图(底层)	班级		姓名		学号		页次	56

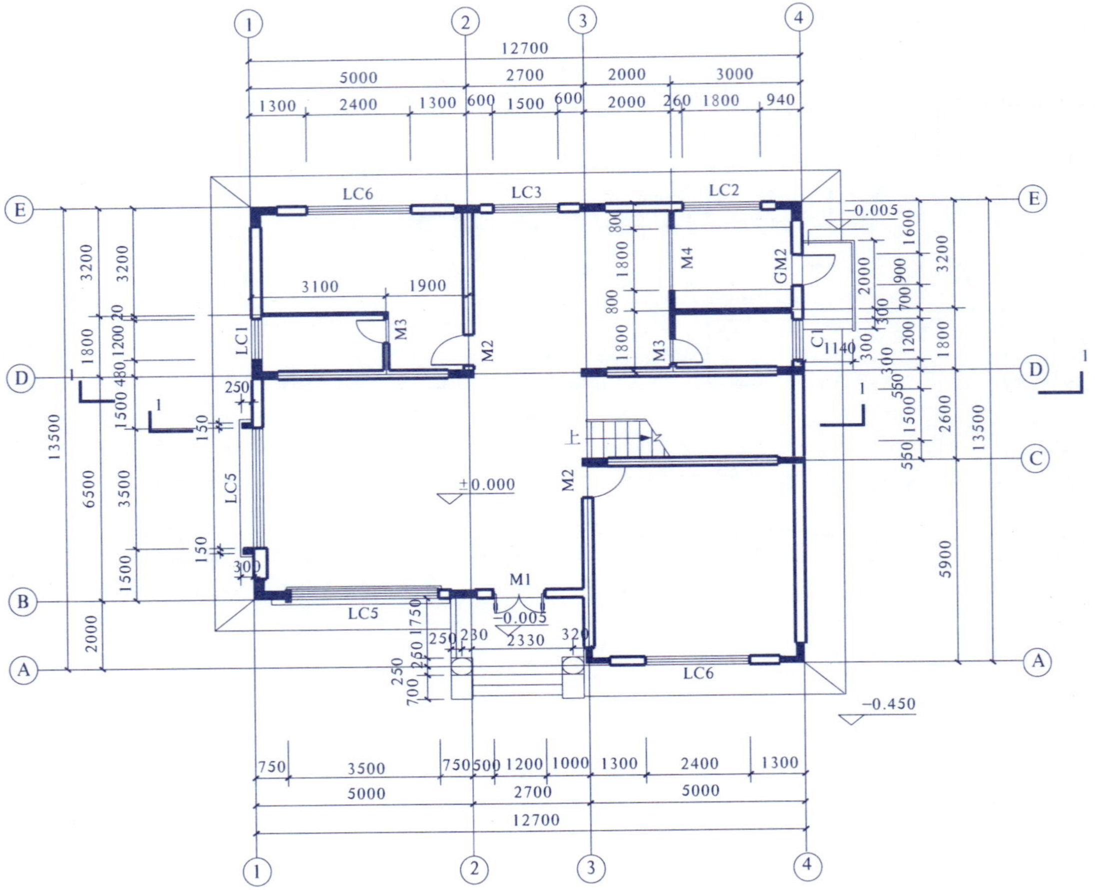

底层平面图 1:100

10-3 识读建筑平面图(二层)	班级		姓名		学号		页次	57

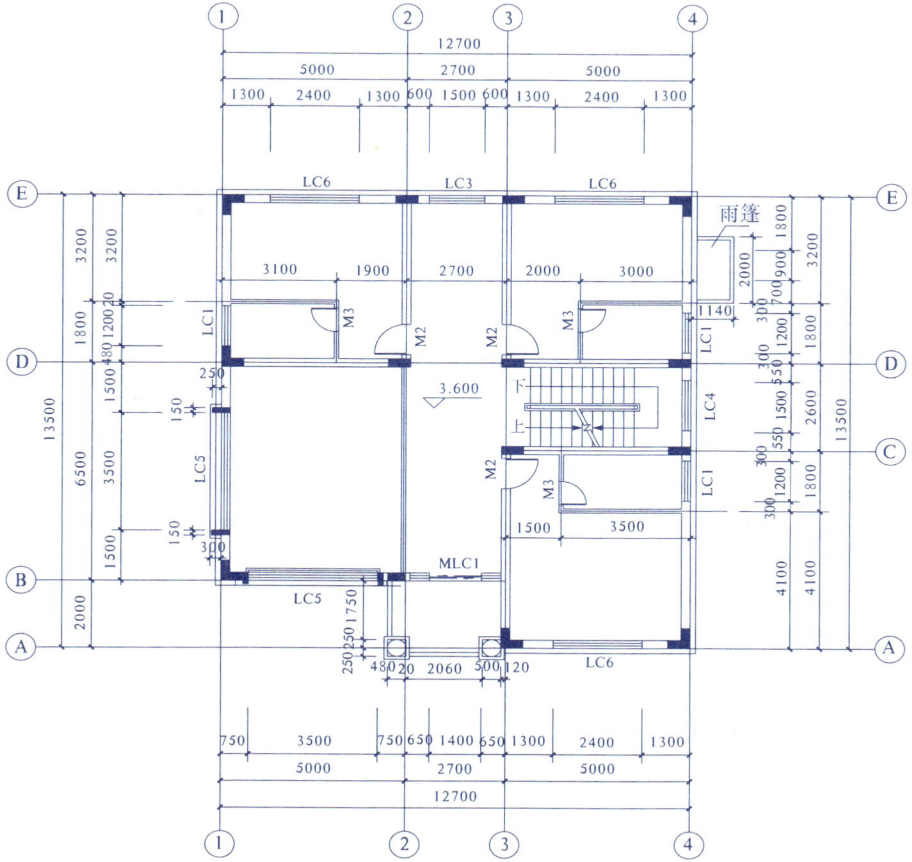

二层平面图 1:100

10-4 识读建筑平面图(顶层)	班级		姓名		学号		页次	58

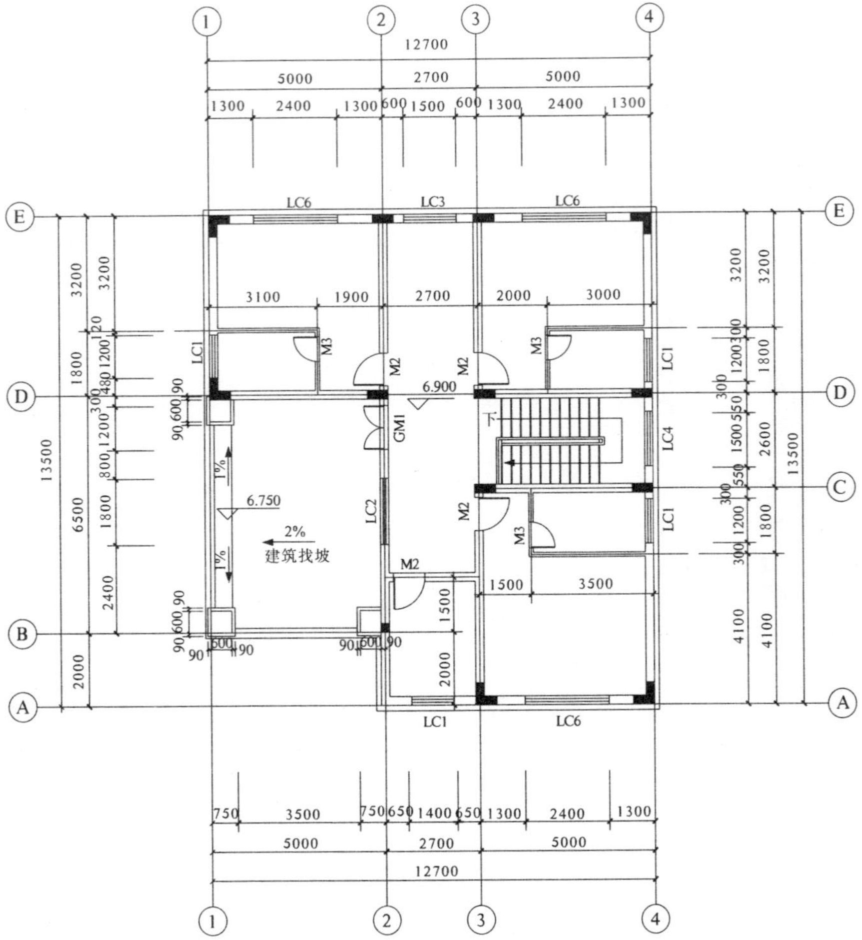

顶层平面图 1:100

10-5 识读建筑立面图	班级		姓名		学号		页次	59

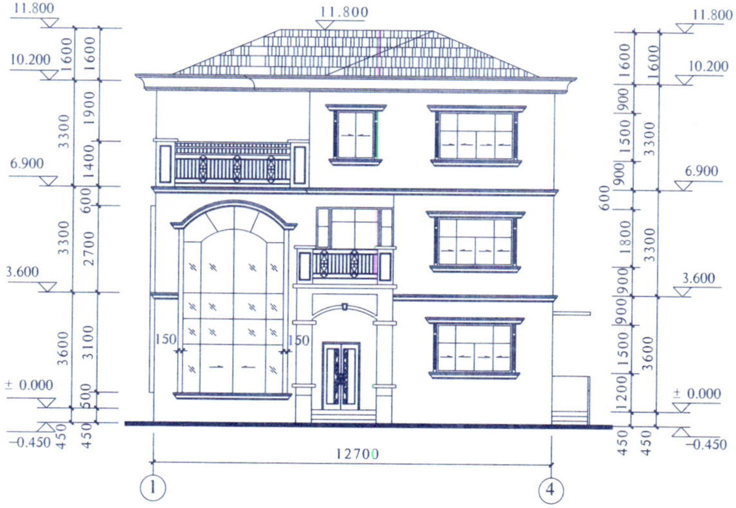

①～④立面图 1:100

④～①立面图 1:100

10-6 识读建筑剖面图	班级		姓名		学号		页次	60

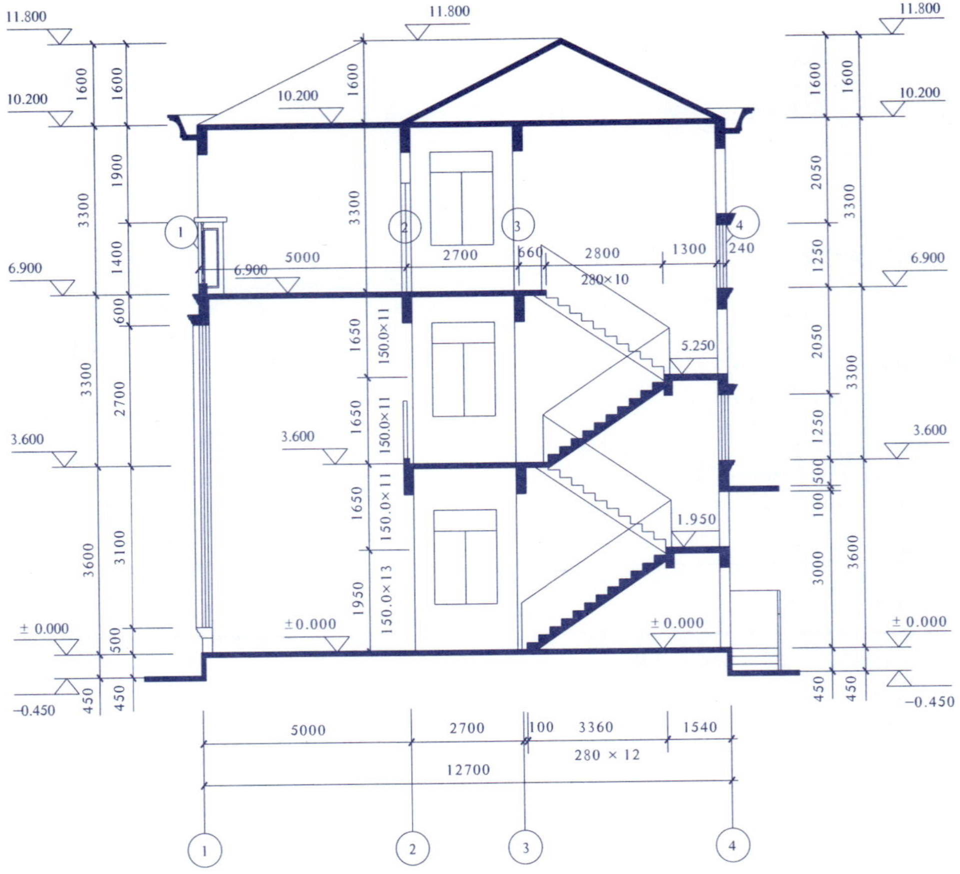

I — I 剖面图 1:100

10-7 识读楼层结构平面图	班级		姓名		学号		页次	61

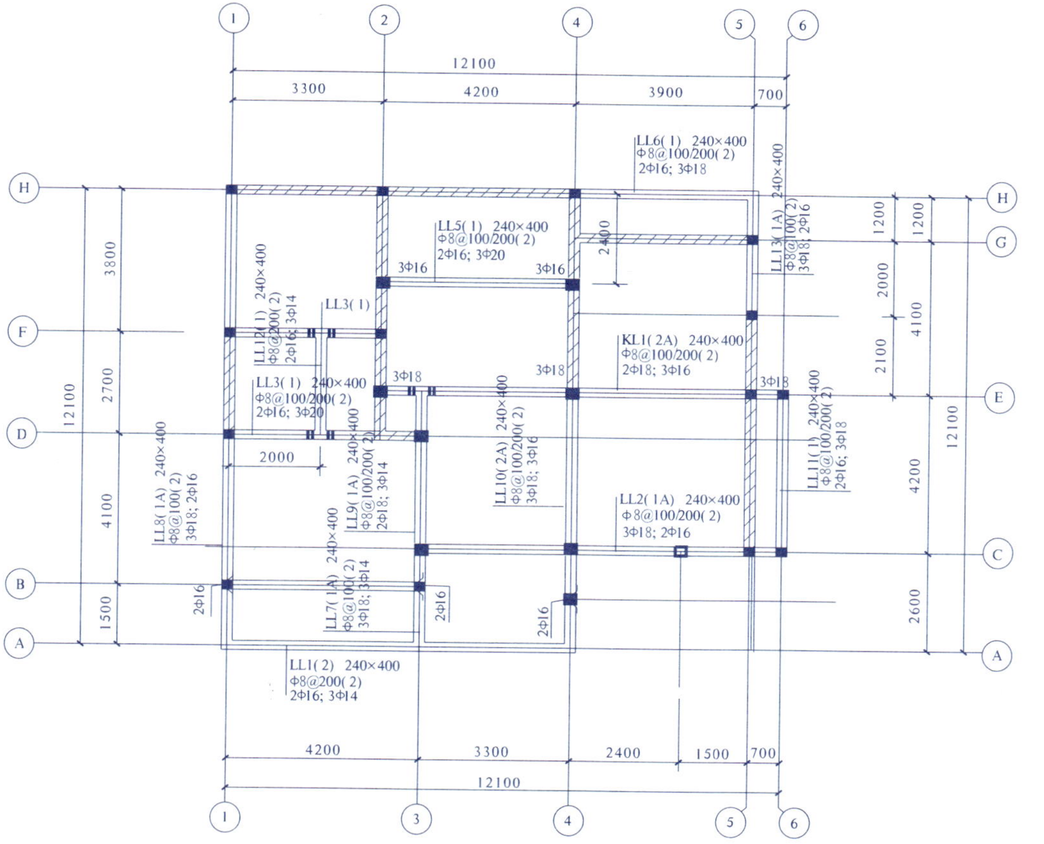

楼层结构平面图

10-8 识读建筑详图(楼梯详图识读)	班级		姓名		学号		页次	62

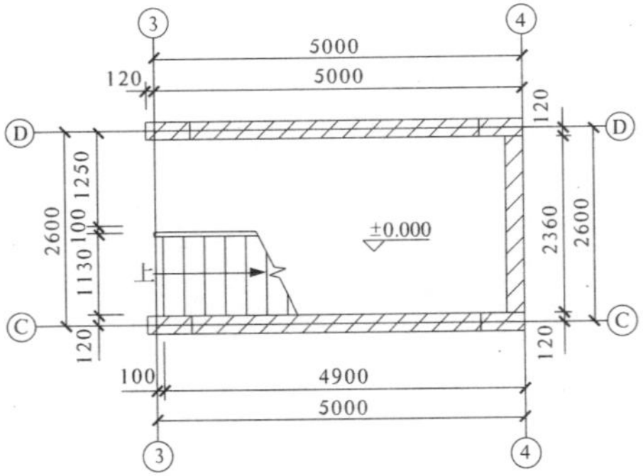

楼梯一层平面图 1:100

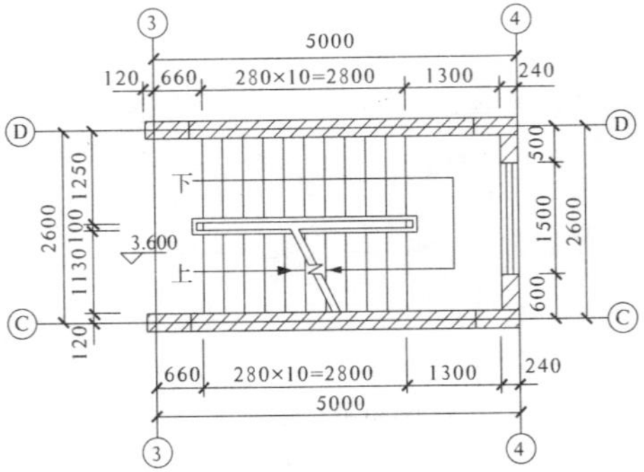

楼梯二层平面图 1:100

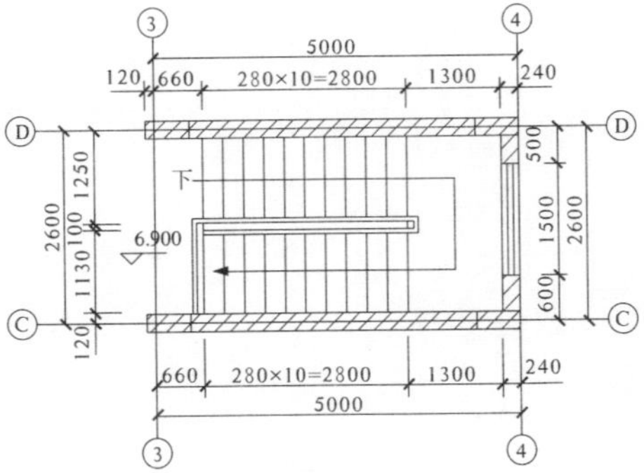

楼梯三层平面图 1:100

10-8 识读建筑详图(厕所详图识读)	班级		姓名		学号		页次	63

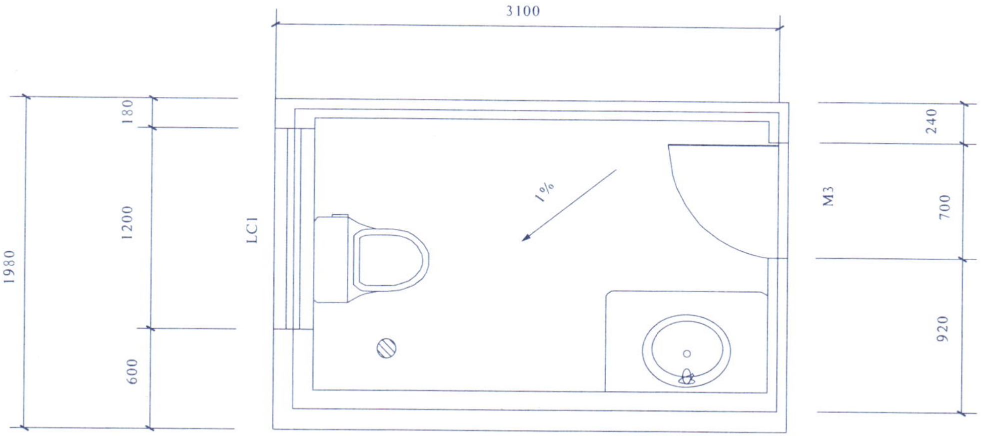

厕所详图 1:10

10-8 识读建筑详图(门窗详图识读)

班级		姓名		学号		页次	64

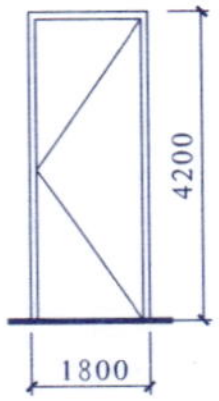

GM2 1:50

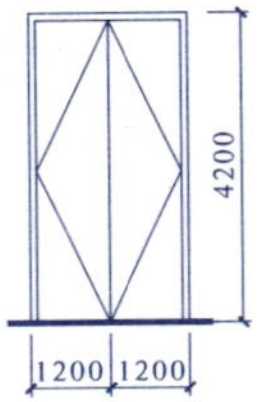

GM1 1:50

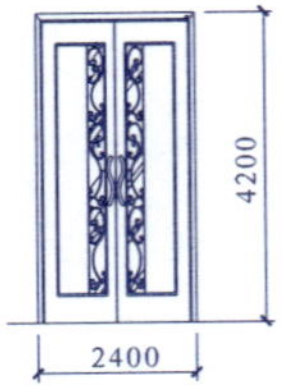

M1 1:50

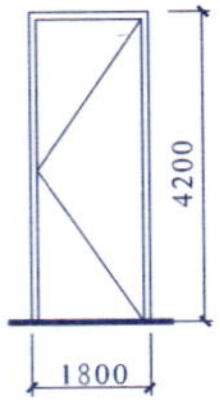

M2 1:50

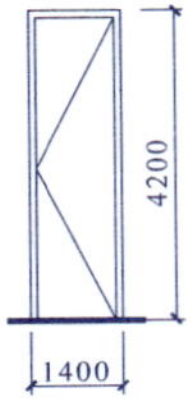

M3 1:50

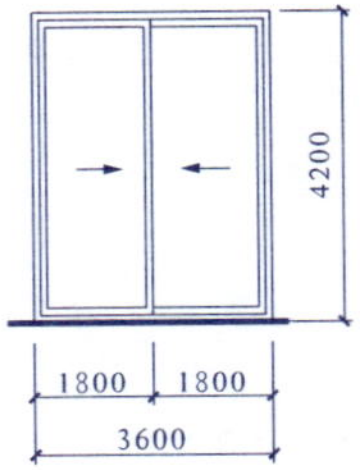

M4 1:50

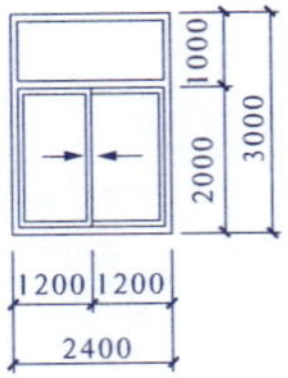

LC1 1:50

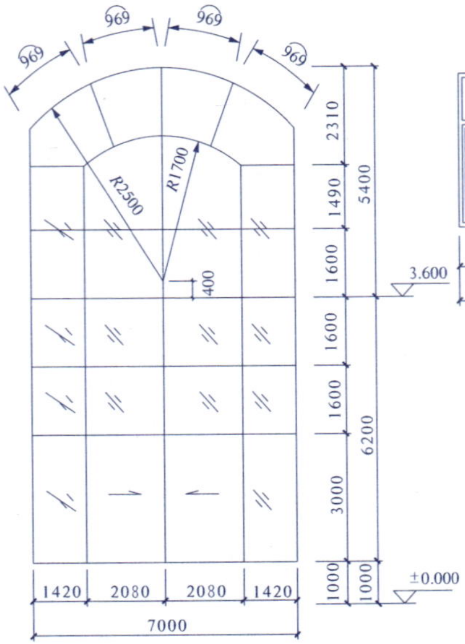

LC5 1:50

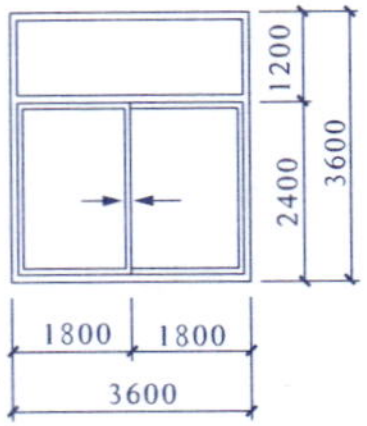

LC2 1:50

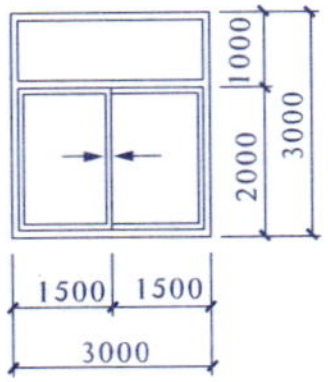

LC3 1:50

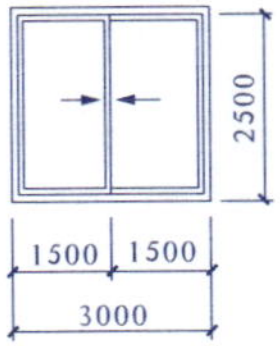

LC4 1:50

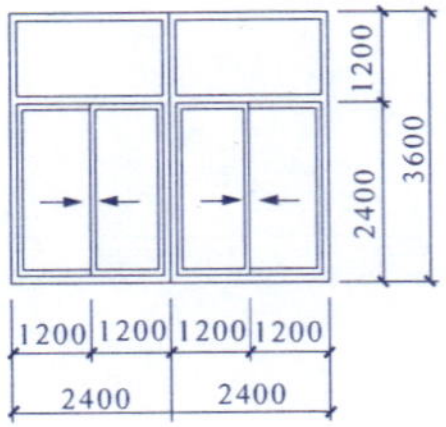

LC6 1:50

门表								窗表							
门编号	洞口尺寸		数量					窗编号	洞口尺寸		数量				
	宽	高	首层	二至三层	屋面		总计		宽	高	首层	二至三层	屋面		总计
GM1	1200	2100	0	1	0		1	LC1	1200	1500	2	7	0		9
GM2	900	2100	1	0	0		1	LC2	1800	1800	1	1	0		2
M1	1200	2100	1	0	0		1	LC3	1500	1500	1	2	0		3
M2	900	2100	2	7	0		9	LC4	1500	1250	0	2	0		2
M3	700	2100	2	6	0		8	LC5	3500	5800	2	0	0		2
M4	1800	2100	1	0	0		1	LC6	2400	1800	0	8	0		8
MLC	1400	2100	0	1	0		1								

参考文献

[1] 樊振旺. 工程制图习题集[M]. 太原:山西科学技术出版社,2006.
[2] 莫章金. 建筑工程制图与识图习题集[M]. 北京:高等教育出版社,2006.
[3] 罗康贤. 建筑工程制图与识图习题集[M]. 广州:华南理工大学出版社,2004.
[4] 吴启凤. 建筑工程制图习题集[M]. 成都:西南交通大学出版社,2006.
[5] 邬琦姝. 建筑工程制图习题集[M]. 北京:中国水利水电出版社,2008.
[6] 王强. 建筑工程制图与识图习题集[M]. 北京:机械工业出版社,2006.
[7] 徐元甫. 建筑工程制图习题集[M]. 郑州:黄河水利出版社, 2008.
[8] 刘苏英. 建筑工程制图习题集[M]. 北京:中国水利水电出版社, 2009.
[9] 王德芳. 建筑工程制图习题集[M]. 5 版. 上海:同济大学出版社, 2010.
[10] 肇承琴. 水利工程制图习题集[M]. 郑州:黄河水利出版社,2007.
[11] 柯昌胜,李玉笄. 水利工程制图[M]. 北京:中国水利水电出版社,2005.
[12] 柯昌胜. 水利工程制图习题集[M]. 北京:中国水利水电出版社,2005.
[13] 孟庆伟,欧阳红. 水利工程制图习题集[M]. 郑州:黄河水利出版社,2009.
[14] 王万德. 土木工程制图习题集[M]. 沈阳:东北大学出版社,2011.
[15] 温和,罗晓良. 建筑工程制图与识图习题集[M]. 北京:冶金工业出版社,2012.